岩石学(含晶体光学)
实验指导书

主　编　邹海洋　赖健清
副主编　杨　牧　李　斌

中南大学出版社
www.csupress.com.cn
·长沙·

前言 Preface

随着教学改革的深化，专业课程的课堂教学学时大量缩减，早先的"岩浆岩岩石学""沉积岩岩石学""变质岩岩石学"学时被大量压缩成仅为原学时数一半的"岩石学"，为了满足新时期教学改革和创新性人才的培养，根据地质资源勘查工程专业岩石学实验课教与学的需要，结合专业特点和我系现有实验条件，并参考相关兄弟院校的教学经验，编写了本实验指导书。其目的在于，能使初学者通过实验观察和对比分析，建立更形象地、更直观地识别矿物和岩石的方法，通过基本技能和方法训练，培养学生掌握岩矿鉴定的动手能力。

岩石学实验是岩石学课程教学的重要组成部分，是提高学生观察和实践动手能力的最重要的教学环节。通过实验可使学生对课堂教学知识进一步加深理解，实验者需达到如下要求：

1. 掌握晶体光学的基本理论，熟练掌握实验方法，掌握在偏光显微镜下鉴定透明矿物的方法和步骤。

2. 学会利用光性矿物学等工具书中介绍的方法鉴定出常见造岩矿物。

3. 掌握岩浆岩、沉积岩、变质岩的基本特征，包括岩石的颜色、结构、构造、主（次）要矿物成分、次生变化等特征。

4. 通过对岩石手标本和薄片观察，识别岩石的矿物组成、结构、构造特征；学会对岩石及薄片的全面观察和系统描述方法；掌握岩石的肉眼鉴定和显微镜下的鉴定方法。

5. 掌握各类岩石的分类命名原则，并能给各类岩石正确命名及书写完整规范的岩石鉴定报告。

本书内容上以室内岩石鉴定的一般工作方法为主（偏光显微镜），为避免与教科书内容重复，在编写过程中力求做到密切配合教学的基本内容，简明实用地编排了 28 个实验，其中晶体光学实验 8 个，岩浆岩实验 9 个，沉积岩实验 5 个，变质岩实验 5 个，综合实验 1 个。

实验包括了实验目的与要求、实验内容（讲述了观察与描述方法）、实验报告要求及思考题。使用时必须参考相应的《晶体光学》《光性矿物学》《岩石学》等教材。本实验指导书主要为高等院校地质类专业本科生用书，也可供其他相近专业本科生、研究生、地球科学爱好者及从事岩矿鉴定人员等参考使用，各教学单位在实验内容的安排上，可根据具体情况，酌情合并或增减实验内容。

本书由邹海洋、赖健清、杨牧、李斌共同编写。本书的编写和出版得到了中南大学和地球科学与信息物理学院的高度重视，获得了学校专业综合改革试点项目和公开精品示范课堂项目的联合资助。编写过程中参阅了大量的参考资料，在此对这些资料的作者表示衷心的感谢。

由于编写时间紧，加上编者水平有限，书中难免有错漏和安排不当之处，望各位教师和同学们在使用过程中提出宝贵意见，以便今后不断充实和完善。

编　者
2019 年 2 月

目录
Contents

第一篇 晶体光学部分

第二篇　岩石学部分

第一篇

晶体光学部分

实验一

偏光显微镜的调节、校正与解理的观察

一、实验目的与要求

1. 了解偏光显微镜的主要构造、装置、使用和保养方法。
2. 学会偏光显微镜的一般调节和校正。
3. 观察解理的等级，测定解理夹角。

二、实验内容

(一)偏光显微镜的主要构造

偏光显微镜的型号很多，但基本结构差别不大。以 MOTIC CHINA GROUP CO., LTD 生产的麦克奥迪 Motic BA300 EPI 型号偏光显微镜为例(图 1 - 1)，介绍如下。

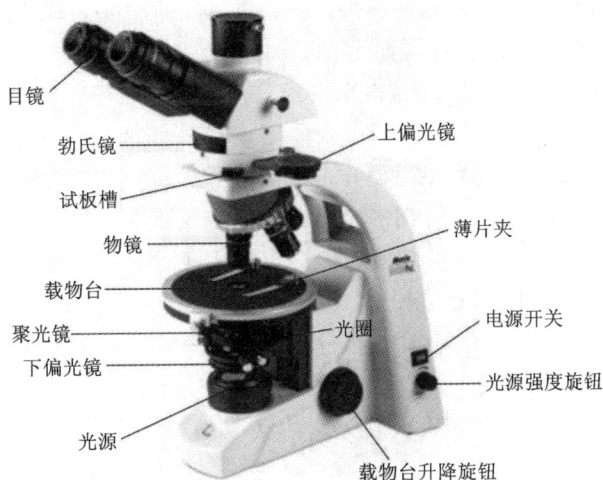

图 1 - 1　Motic BA300 EPI 型号偏光显微镜

1．机械系统。

机械系统是支撑显微镜的机械部件，包括镜座、镜臂、载物台、镜筒等。

2．光学系统。

光学系统是偏光显微镜的核心部件，主要包括光源、下偏光镜、锁光圈、聚光镜、物镜、上偏光镜、勃氏镜、目镜等。

(二)偏光显微镜的保养

1．机械部件的保养。

主要是螺纹的保养，升降载物台时应用双手同时旋转左右两个升降旋纽，均匀用力，保证旋转轴均匀受力，避免偏心。

2．光源的保养。

为了延长光源灯泡寿命，打开光源及关闭光源之前，务必确认光源强度调至最小。不要把光源强度长期开至最大。临时离开不必关闭光源开关，只需将光源强度调至最小。此事不仅是为了保护光源，同时也是为了有效地保护观察者的眼睛，务必强调。

3．镜头的保养。

显微镜为精密的光学仪器，镜头的保养非常重要。显微镜不用的时候一定要盖好防尘罩，避免镜头落灰。镜头如果不清，不能用手摸，要用专用镜头纸轻轻擦拭。切忌随意用纸张或布擦镜头，以免划伤镜头。升降载物台(降低镜筒)时务必严格执行操作规程，避免薄片与物镜接触致使镜头损伤。

(三)偏光显微镜的调节和校正

1．调节照明。

调节到适当的亮度，保证视域清楚，光线柔和即可。把光源强度适当减小，既可延长灯泡寿命，又可有效地保护视力。

2．调节焦距。

调节焦距时，应在侧面观察并调整镜头，使之与薄片的距离为最小(快挨到薄片)，然后从目镜中观察并降低载物台(或提升镜筒)直到物像清晰。

必须记住：通过下降物台(上升镜筒)来对焦。

3．校正中心。

校正中心的目的是使得载物台的旋转中心与显微镜镜筒(即物镜和目镜)的中心重合，此时旋转载物台，视域中心的物体保持在中心位置。中心校正的方法根据显微镜型号的不同一般分为两种，其一为调整载物台中心位置，其二为调整物镜中心位置。Motic BA300 EPI 型号偏光显微镜采用的是后者。校正方法如下：

①调整好显微镜光源并调节好焦距，选择薄片中的一个醒目的矿物移动至视域中心(十字丝交点)，如图 1-2(a)所示。

②转动载物台，观察此矿物的旋转轨迹，此轨迹为以某点为中心的圆，如图 1-2(b)所示。

③如果该旋转轨迹包含在视域范围内，找到此圆的中心。

④将两个镜头校正螺丝插入物镜两侧的校正孔中，旋转之，同时在目镜中观察，使圆心

位置移动到十字丝交点，如图 1-2(c)所示；边移动边旋转载物台，直到旋转中心与视域中心重合，如图 1-2(d)所示。

　　⑤如果旋转轨迹很大，说明旋转轴与物镜中心相差甚远，可根据矿物旋转轨迹大致判断中心位置，并向旋转中心方向移动，使旋转轨迹缩小，如图 1-2(e)所示，然后重复④的步骤。

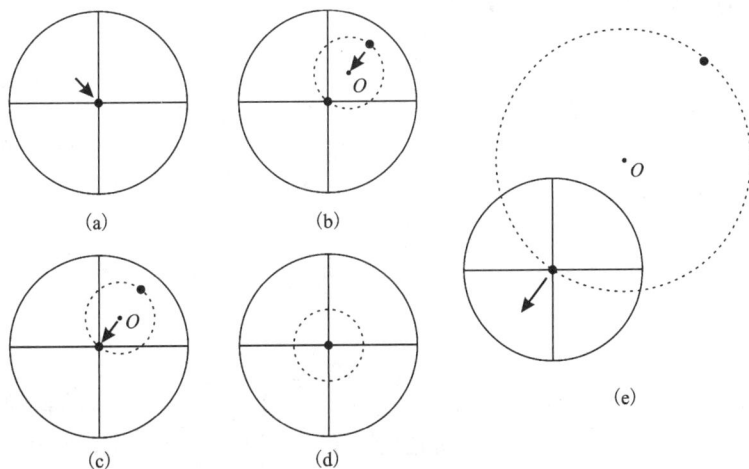

图 1-2　校正载物台与物镜中心在一条线上

　　4.十字丝方向的调整。

　　十字丝是放置于目镜中的一个装置，可见两条互相垂直且相交于中心的线条。通常来说可以通过旋转目镜来调节十字丝的方向。Motic BA300 EPI 型号偏光显微镜的十字丝放在双目镜的右镜，其方向有两种，一种为横平竖直(横丝左右水平，纵丝前后竖直)，一种为45°方向，可通过目镜上的卡槽固定。

　　5.下偏光镜振动方向的确定和校正。

　　在单偏光镜下，找一具极完全解理的黑云母(可在黑云母花岗岩中寻找)，置于视域中心。转动载物台，黑云母颜色最深时，黑云母解理缝方向为下偏光镜振动方向。

　　如黑云母颜色最深时，解理缝方向与十字丝横丝不平行，表明下偏光镜振动方向未与十字丝横丝一致，此时需要校正。方法是：

　　①转动载物台，使黑云母解理缝平行十字丝横丝。

　　②转动下偏光镜调节旋钮，直至黑云母颜色最深。

　　通常来说，偏光显微镜出厂设置为下偏光镜左右振动，当下偏光镜调节旋钮的白色刻度位于"0"的位置时为默认位置。

　　也可以用黑电气石来校正，与黑云母正好相反：矿物颜色最深时，晶体长轴方向与下偏光镜垂直，颜色最浅时晶体长轴方向与下偏光镜平行。

　　6.视域直径及工作距离的测定。

　　视域直径可用透明方格纸、带刻度的三角尺或物台测微尺进行测量。在测量时可将它们分别置于载物台上，准焦后将刻度边部与视域直径边部重合，观察视域直径长度值，记录其数值，作为以后估计矿物颗粒大小之用。不同的物镜，视域直径不同，但同一型号的镜头，一般视域直径大小与放大倍数成反比。

工作距离是指物像准焦后，物镜前端与薄片平面之间的距离。它可用直角三角板放在载物台上进行测量。工作距离的长短与物镜的放大倍数成反比关系，物镜放大倍数越小，工作距离越长，反之亦然。

（四）解理的观察及解理角的测定

1. 黑云母极完全解理的观察。

在含黑云母的岩石薄片（如黑云母花岗岩）置于载物台上，调节显微镜至准焦位置。边观察边移动薄片，选择待观察的黑云母矿物颗粒，置于十字丝中心。黑云母在单偏光显微镜下一般呈棕褐色、绿色、浅黄绿色，具有一组极完全解理。注意：显微镜成像为反像，视域中的移动方向与载物台上薄片的移动方向正好相反。

黑云母具有一组(001)极完全解理，其解理特征为：解理缝细、密、长，且往往贯通整个晶体。

2. 普通角闪石的解理和解理夹角。

在含普通角闪石的岩石薄片（如闪长岩、角闪岩等）中选择待观察的普通角闪石矿物颗粒，置于十字丝中心。普通角闪石在单偏光显微镜下一般呈柱状形态，垂直柱面的方向切面可呈六边形；颜色为绿色、黄绿色、浅黄色等；可见一组或两组完全解理。

（1）完全解理的观察。

普通角闪石具有(110)和(110)二组完全解理（解理夹角56°）。但在不同的切面上可见到不同的特征，垂直柱面的颗粒可见两组大角度相交的解理，解理夹角（锐角）为56°；平行柱面的颗粒只见一组完全解理；斜交柱面的颗粒见两组小角度相交的解理，解理夹角（锐角）小于56°，越是接近平行柱面其夹角越小。其解理特征为：解理缝之间的间距较宽，一般不完全连续。

（2）解理夹角的测定。

解理夹角指两个节理面的二面角。在薄片中测定解理夹角，需要选择同时垂直两组解理的切面方向的颗粒。这种颗粒的特征是：①可见两组解理；②两组解理均比较清楚，解理纹细；③稍稍升降载物台，两组解理纹都不向两侧移动。解理夹角测定的步骤如下：

①依上述原则选择待测颗粒，移至视域中心。

②旋转载物台，使其中一组解理纹平行十字丝纵丝，记下载物台刻度盘的度数 a。

③向两组解理纹的锐角方向旋转载物台，使得另一组解理纹与十字丝纵丝平行，记下载物台刻度盘的度数 b。

④得到解理夹角 $= |a - b|$，如果 a 和 b 跨过 $360°$ 刻度（得到 $|a - b|$ 值为 $270 \sim 360$），则用 $360 - |a - b|$。

3. 斜长石的不完全解理。

在辉长岩中找到斜长石，并移动到视域中心进行观察。斜长石呈柱状或板状，无色透明，突起低，可见两组不完全的解理(001)和 (010)，二组解理的夹角接近 $90°$，一般可达 $86° \sim 87°$。不完全解理的特征为：解理断断续续，不能贯穿整个晶体。

三、实验报告内容

1. 描述几种矿物的解理特征，判断其解理等级：黑云母、角闪石、斜长石。
2. 测量角闪石的两组解理的夹角，写出操作步骤。

实验二

矿物颜色、多色性与突起的观察

一、实验目的与要求

1. 认识矿物的颜色、多色性和吸收性。
2. 观察矿物的轮廓、糙面和突起等级，认识不同等级突起的特征。
3. 认识贝克线，学会利用贝克线移动规律，确定相邻两物质折射率的相对大小，确定突起正负。
4. 观察闪突起的特征。

二、实验内容

（一）黑云母、普通角闪石的颜色、多色性、吸收性的观察

将含黑云母的岩石薄片（如黑云母花岗岩）置于载物台上，调节显微镜至准焦位置。边观察边移动薄片，选择待观察的黑云母矿物颗粒，置于十字丝中心。观察黑云母在单偏光显微镜下的颜色，并转动载物台，观察其颜色的变化。

旋转载物台，可以发现黑云母的颜色色调及深浅均发生有规律的变化。旋转载物台180°为一个周期。在一个周期中，颜色的色调及深浅会出现两个极端，两个极端之间相差90°。这种颜色色调变化的现象称为矿物的多色性，颜色深浅变化的现象称为矿物的吸收性。矿物的多色性和吸收性只出现于有色矿物中。

矿物颜色的色调及深浅出现的两个极端代表光率体椭圆长短半径（折射率）的方向。由于矿物切面方向的不同，这两个光率体椭圆半径（折射率）有所不同，对于一般切面，一轴晶可表示为 No 和 Ne'，二轴晶可表示为 Ng' 和 Np'。矿物的多色性和吸收性反映的是与下偏光镜振动方向平行的折光率主轴方向的颜色和深浅。黑云母平行解理纹方向的折射率为 Ng'，而垂直解理纹方向为 Np'。所以，当解理纹平行十字丝横丝时，观察到的多色性和吸收性反映的是 Ng' 的方向，此时旋转载物台90°使解理纹平行十字丝纵丝，可观察到 Np' 方向的多色性和吸收性。

将含普通角闪石的岩石薄片(如角闪闪长岩、角闪岩)置于载物台上,把普通角闪石移至视域中心,重复上述观察过程。

(二)矿物突起、糙面、贝克线的观察

观察和比较辉长岩中普通辉石(高正突起)和斜长石(拉长石—正低突起)的边缘轮廓、糙面特征及突起高低。观察和比较云英岩中白云母、石英和萤石的边缘轮廓、糙面特征及突起高低,根据贝克线的移动规律判断突起的正负。

观察矿物间、矿物与树胶之间的贝克线,根据贝克线的移动规律判断折射率的相对大小。贝克线观察的步骤如下:

①选择待测矿物。要判断矿物突起的正负,应选择矿物与树胶接触的部位;要判断两种矿物的折射率相对大小,应选择这两种矿物接触的部位。矿物的边缘尽量选择平直或简单弯曲的部位。

②采用中高倍物镜(20~50倍为宜)。

③适当调低光源的强度。

④观察贝克线,并升降载物台,判断折射率高低。贝克线的移动规律为:下降载物台(或提升镜筒),贝克线向折射率大的方向移动,反之亦然。

(三)观察方解石的突起和闪突起现象

将方解石置于单偏光显微镜下,移至视域中心。旋转载物台,观察其突起的变化。在突起最高及最低的极端位置,根据贝克线的移动规律判断其突起等级。

三、实验报告内容

1.描述黑云母的多色性和吸收性,写出其公式。其光性方位参见图2-1。

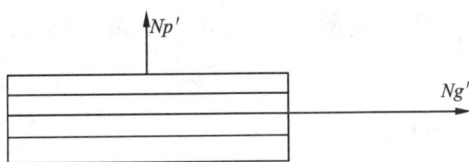

图2-1 黑云母光性方位示意图

2.描述几种矿物的糙面、突起和贝克线:斜长石、普通辉石、石英、白云母、(萤石)。根据贝克线的移动规律,判断矿物的突起正负,对比斜长石与普通辉石、石英与白云母的折射率大小。

3.描述方解石的突起和闪突起。

实验三

全消光、消光及干涉色的观察，消色器的使用

一、实验目的与要求

1. 学会正交偏光镜的检查与校正方法。
2. 观察全消光、消光及干涉色现象。
3. 观察常用的消色器(石膏板、云母板、石英楔)的特征。
4. 认识和判断 1~3 级干涉色及高级白干涉色的特征。
5. 学会利用矿物楔形边测定矿物的干涉色级序。

二、实验内容

(一)检查上、下偏光镜的振动方向是否正交

在载物台上未放置矿物薄片的情况下，上、下偏光镜的振动方向正交，没有光线通过目镜，视域全黑。

(二)观察常见消色器的特征

在正交偏光镜间，从试板槽分别插入石膏板和云母板，观察其干涉色特征。石膏板的干涉色为一级紫红，云母板的干涉色为一级灰。从试板槽缓缓插入石英楔，观察 1~4 级干涉色级序及各级的特征。

(三)在正交偏光镜间观察矿物的全消光和消光现象

选择萤石颗粒，置于正交偏光镜间，矿物全黑，旋转载物台不发生变化，为全消光现象。所有的萤石颗粒均具有全消光的特征，故萤石为均质矿物。

选择石英颗粒，置于正交偏光镜间，旋转载物台，可见明暗相间的变化。当矿物全黑时为消光现象，旋转载物台一周，可见 4 次消光，分别相隔 90°，称为消光位。非消光位可见干涉色，从消光位旋转载物台，干涉色色调不变但亮度增大，至 45° 干涉色最亮，称为 45° 位。

继续旋转载物台，干涉色亮度降低，直至另一个消光位。

在许多石英颗粒中，可能发现个别颗粒旋转载物台时保持全黑状态，呈现全消光的特征。这种颗粒反映矿物为非均质矿物，但切面方向垂直于光轴。

（四）石英、橄榄石、方解石的干涉色的观察与判断

石英的干涉色为一级灰白，橄榄石为 2～3 级干涉色，方解石为高级白。

一级灰白与高级白的区别是前者均匀且纯净，呈白色或带灰度，而后者往往不均匀，带淡淡的彩色。二者可通过石膏板来加以鉴定，其操作步骤为：

①在正交偏光镜间选择矿物，移至视域中心，旋转载物台使之处于消光位。

②旋转载物台使矿物处于45°位，此时干涉色最明亮。

③从45°方向的试板槽插入石膏板，如果为一级白，干涉色由灰白（亮白）变为鲜艳的黄色（一级黄）或蓝色（二级蓝），且旋转载物台 90°，两种颜色分别替换；如果为高级白，插入石膏板后变化不明显。

（五）利用矿物楔形边测定橄榄石的最高干涉色级序

操作步骤如下：

①在正交偏光镜间观察橄榄岩薄片，选择带有楔形边的颗粒。注意选择的楔形边应与树胶接触，或与干涉色很低（一级灰白以下）的矿物或颗粒相邻。

②观察和记录矿物的干涉色色调。

③从楔形边的外缘向矿物中心的方向计数红色色带的数量 n，如果矿物的干涉色色调为红色，其干涉色为 n 级红；如果不是红色，则为 $n+1$ 级。

④多测几个颗粒，选择干涉色级序最高者，即为该矿物的最高干涉色级序。

三、实验报告内容

1. 通过石膏板、云母板和石英楔的干涉色的观察，写出干涉色级序的特征。

2. 观察萤石和石英的正交偏光镜间特征，描述均质体矿物与非均质体垂直光轴颗粒的全消光现象。

3. 描述石英、橄榄石、方解石的消光和干涉色特征，说明一级白和高级白的区别，并用石膏板进行鉴定。

4. 利用楔形边法测定橄榄石的最高干涉色级序。

实验四

消色器的使用及双折射率的测定

一、实验目的与要求

1. 学会用消色器测定矿物光率体椭圆半径方向和名称的方法。
2. 了解矿物的消光类型，掌握矿物消光角测定的方法。
3. 学会利用消色器测定矿物延性符号的方法。
4. 掌握利用石英楔测定矿物的干涉色级序的方法，并通过图表查询得到矿物最高双折射率。

二、实验内容

（一）利用消色器测定矿片上光率体椭圆半径方向和名称

补色法则：在正交偏光镜间的45°位置放置两个相互重叠的非均质体矿片，在光波通过此两个矿片后，其总的光程差发生增减的法则为：同名半径平行，光程差相加，干涉色升高；异名半径平行，光程差相减，干涉色降低，如图4-1所示。

根据上述法则，利用消色器测定矿物切面上的光率体椭圆半径的方向和名称。操作步骤如下：

①将待测矿物移至视域中心，在正交偏光镜间旋转载物台使之消光[图4-1(a)]，此时切面的光率体椭圆长短半径与十字丝平行。

②顺时针旋转载物台45°，光率体椭圆长短半径与十字丝成45°角，矿物干涉色最明亮[图4-1(b)]。

③从试板槽插入适当的消色器。通常来说，一级灰—白色干涉色选用石膏板，彩色干涉色选用云母板及石英楔，高级白可用石英楔配合观察楔形边。

④观察插入消色器后的变化。如果干涉色升高，说明矿物与消色器的光率体椭圆同名轴平行[图4-1(c)]，如图4-1(a)中与十字丝纵丝平行的方向为Ng'，十字丝横丝方向为Np'。如果干涉色降低，说明矿物与消色器的光率体椭圆异名轴平行[图4-1(c)]，如图4-1(a)中与十字丝纵丝平行的方向为Np'，十字丝横丝方向为Ng'。

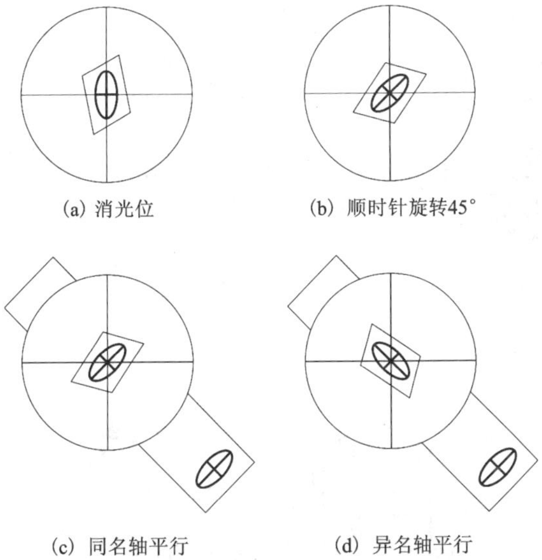

(a) 消光位　　　　　　(b) 顺时针旋转45°

(c) 同名轴平行　　　　(d) 异名轴平行

图4-1 利用消色器测定矿片上光率体椭圆半径方向和名称

(光率体椭圆长轴方向为 Ng'，短轴方向为 Np')

(二)观察普通角闪石的消光类型，测定∥(010)切面上的消光角

矿物的消光类型指矿物结晶轴(晶体延长方向、解理缝、双晶缝)与光率体轴之间的关系。根据矿片在消光位时，晶体延长方向、解理缝、双晶缝与十字丝(上下偏光镜的振动方向)之间的关系消光类型可划分为三种：平行消光、斜消光和对称消光。

晶体的消光类型与晶系和切面方向有关。中级晶族矿物为一轴晶，其光率体的 Ne (光轴)与晶体的 c 轴一致。这类矿物的消光角以平行消光和对称消光为主，斜消光的切面很少。低级晶族的矿物则比较复杂。斜方晶系的光性方位是光率体的三个主轴与晶体的三个结晶轴一致，所以常见平行消光与对称消光，但切面与三个结晶轴均斜交时也可呈现斜消光。三斜晶系的光性方位是光率体的三个主轴与晶体的三个结晶轴斜交，所以这类矿物的绝大多数切面为斜消光。单斜晶系矿物，光率体的三个主轴之一与晶体的 b 轴重合，其余两个主轴与 a 和 c 轴斜交，所以表现出不同的切面方向有不同的消光类型(图4-2)。一般来说，∥(100)的切面可见平行消光，∥(001)的切面可见对称消光，其他方向切面见斜消光，其中以∥(010)的切面消光角达到最大值。

消光角是指矿片消光时，其光率体椭圆半径与解理缝、双晶缝、晶体延长方向之间的夹角。通常以结晶轴或晶面符号与光率体三轴之间的夹角来表示。消光角一般只在单斜和三斜晶系的矿物中具有鉴定意义。普通角闪石是单斜晶系的矿物(图4-2)，可选择∥(010)的切面测定其消光角。

消光角测定的方法步骤如下：

①选择待测颗粒，置于视域中心。

②旋转载物台，使矿物的已知结晶轴、晶面或解理缝等[如(hkl)]平行十字丝纵丝，记下载物台刻度值 a。

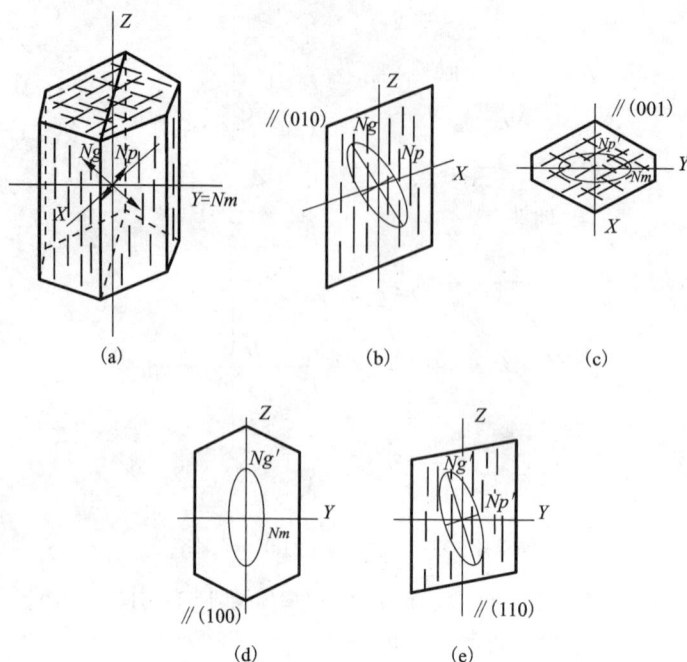

图 4－2　单斜晶系（普通角闪石）不同方向切面的消光类型

③顺时针旋转载物台至消光位，记下载物台刻度值 b。

④再顺时针转动 45°至干涉色最鲜艳，插入消色器，判断干涉色升降情况。如果干涉色升高，说明上一步的消光位与纵丝平行，为 Ng'方向，如果干涉色降低，说明上一步的消光位为 Np'方向。

⑤｜$a-b$｜即为所测得的消光角，表示为 $Ng'/Np'\wedge(hkl)$ 或 $a/b/c$。

注：$Ng'\wedge(hkl)$ 与 $Np'\wedge(hkl)$ 互为余角，可以简单换算。

（三）测定矿物的延性符号

矿物延性符号也称为延长符号，是指矿物延长方向与光率体椭圆长轴的关系。规定：矿物延长方向与光率体椭圆长轴（Ng'）比较接近（夹角小于 45°）时为正延性，反之为负延性。

延性符号的测定类似于消光角的测定方法，需要测出消光位所代表的光率体主轴名称及该主轴与结晶方位（矿物延长方向）的夹角。注意：消光角大于或小于 45°，其延性符号相反，故应注意判别。

对于平行消光或消光角较小的矿物，可以不测定消光角，直接测出延性符号。步骤如下：

①待测矿物置于视域中心，旋转载物台使矿物延长方向平行十字丝纵丝。

②顺时针旋转载物台 45°。

③插入消色器，观察干涉色的变化。

④如果干涉色升高，说明延长方向为 Ng'，为正延性；如果干涉色降低，延长方向为 Np'，为负延性。

（四）利用石英楔测定矿物的干涉色级序

利用石英楔测定矿物的干涉色级序，通常用于Ⅱ级以上带彩色的干涉色。其原理是利用石英楔与矿物光率体椭圆异名轴平行时，使石英楔与矿物光程差相等达到消色，然后判断石英楔所处的干涉色级序，获得矿物的干涉色级序。操作步骤如下：

①在正交偏光镜间移动待测矿片并旋转载物台，找到待测矿物的最高干涉色颗粒。如果不能确定是最高干涉色颗粒，也可多测一些颗粒，取其中干涉色级序最高者。

②将待测颗粒移至视域中心，并旋转载物台使之消光。

③旋转载物台45°，使干涉色最鲜艳。记下干涉色的色调。

④缓慢插入石英楔，观察干涉色的变化。如果干涉色按照蓝—绿—黄—红的顺序变化，说明干涉色升高，再次旋转载物台90°。

⑤注意观察干涉色按照红—黄—绿—蓝—红—黄—白—灰的顺序降低，直至消色。

⑥缓慢抽出石英楔，仔细观察干涉色的变化，数出干涉色出现红色的次数 n。

⑦确定矿物的最高干涉色级序：如果干涉色的色调为红色，即为 n 级红；如果不为红色，即为 $n+1$ 级。

⑧根据矿物的最高干涉色级序，查干涉色色谱表，得到矿物最大双折射率。矿片的厚度可根据实际测量、估算得到，如无确定值，通常用薄片的标准厚度，即 0.03 mm。

三、实验报告内容

1.借助石膏板确定长石的光率体椭圆半径方向及名称，并绘图表示。

2.测定普通角闪石的消光角，描述其测定步骤及结果，并判断其延性符号。

3.用石英楔测定橄榄石的最高干涉色级序，并借助干涉色色谱表确定其双折射率。至少测定5个颗粒，取其最大值。

实验五

双晶的观察及斜长石牌号的测定

一、实验目的与要求

1. 观察几种常见的双晶类型，学会根据双晶特征区分斜长石与微斜长石的方法。
2. 掌握测定斜长石种类的⊥(010)晶带最大消光角法。

二、实验内容

（一）双晶观察

观察和鉴别正长石的卡尔斯巴双晶和斜长石、微斜长石的聚片双晶、格子双晶；观察辉石和角闪石的双晶；观察方解石的机械双晶(聚片双晶)。

矿物的双晶指两个或两个以上的单体，按一定的对称关系相互有规律地连生在一起的现象。正交偏光镜间，表现为相邻两个单体消光位不同，呈现一明一暗的现象。常见的双晶类型包括：简单双晶、轮式双晶(环状双晶、三连晶、四连晶、六连晶等)、聚片双晶、复合双晶等。

正长石常见沿(010)面接合的简单双晶——卡尔斯巴双晶，简称卡式双晶。辉石和角闪石也常见简单双晶，一般接合面为(100)面。斜长石常见沿(010)面接合的聚片双晶(钠长石双晶)，或钠长石双晶与卡尔斯巴双晶构成的卡 - 钠复合双晶，有时可见由钠长石双晶和肖钠长石双晶组成的复合双晶——格子双晶。微斜长石也常见聚片双晶和格子双晶，但与斜长石有明显的区别：斜长石单体边界平直，而微斜长石常呈纺锤形(图5-1)。

（二）斜长石牌号测定

斜长石牌号测定的方法有多种，本试验采用垂直(010)晶带的最大消光角法，即麦凯尔 - 列维统计法(Michel-Levy，1877)。本方法的应用曲线又经里特曼(Rittmann，1929)，布里(Burri，1967)修订过，故又称里特曼晶带法。

斜长石(plagioclase)属于 $NaAlSi_3O_8$ (Ab) – $CaAl_2Si_2O_8$ (An) 系列的长石矿物的总称。共

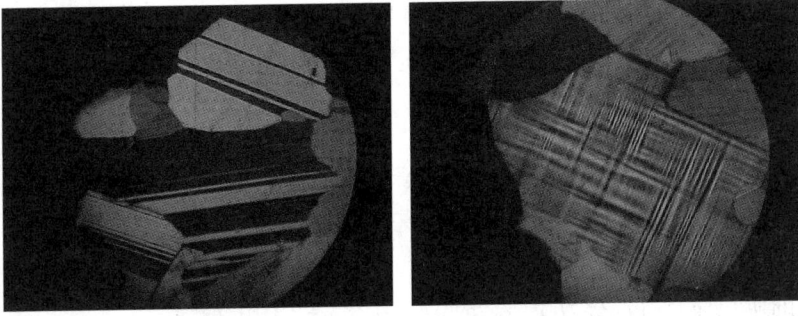

图 5 – 1 斜长石与微斜长石的双晶特征

(左图：斜长石；右图：微斜长石)

分为 6 个矿物种：钠长石(An0 ~ 10 + Ab100 ~ 90)、奥长石(An10 ~ 30 + Ab 90 ~ 70，也称更长石)、中长石(An30 ~ 50 + Ab70 ~ 50)、拉长石 (An50 ~ 70 + Ab50 ~ 30)、倍长石(An70 ~ 90 + Ab30 ~ 10)和钙长石(An90 ~ 100 + Ab10 ~ 0)。岩石学中将前两者统称为酸性斜长石，而将后三者统称为基性斜长石。斜长石的成分还常用所含 An 组分的摩尔百分数表示，称为斜长石的牌号。

本方法是在垂直于(010)晶带，即垂直于钠长石双晶接合面的切片上，测量 $Np'^{\wedge}(010)$ 最大消光角以鉴定斜长石的成分。这种方法比较简单和精确，所以很常用。

晶粒的选择：垂直(010)晶粒的特征是具有以(010)为接合面的钠长石双晶，而且钠长石双晶纹最细，{010}解理缝也最细，升降镜筒，纹线不发生左右移动；当(010)平行十字丝或在 45°位置时，双晶两部分亮度相等，而不显双晶(图 5 – 2)。

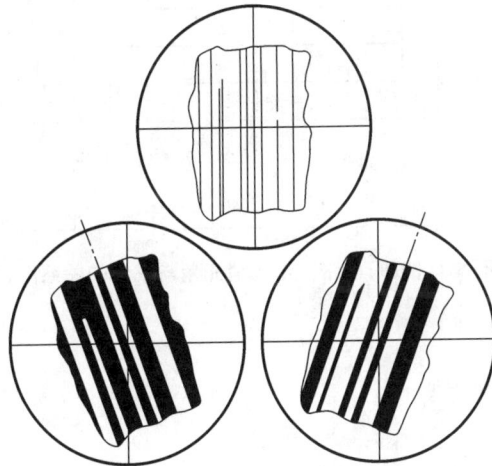

图 5 – 2 垂直(010)切面上钠长石双晶消光角

测量方法：对选好的晶粒分别测量双晶两部分的消光角 $Np'^{\wedge}(010)$。注意：两个消光角应相近，相差不超过 2° ~ 3°。取其平均值，再根据消光角值查图 5 – 3 中曲线，可得到斜长石的成分。

由于图 5-3 中曲线是根据垂直(010)晶带最大消光角绘制的，所以需要尽可能多测量几个类似切面的数据，测量次数越多结果越准确。通常需要测 10 个左右，再取其最大值。为了迅速找到最大消光角，可选择既具备上述条件、而且干涉色又是最高的切面。为使消光位测得准确，可用石膏试板。

图 5-3 的纵坐标是消光角，正负号代表突起的正负。消光大于 20°时，突起恒为正，但当消光角小于 20°时，需要确定突起正负。

侵入岩和喷出岩的斜长石的有序度存在差异，光性也略有不同。当岩石为侵入岩时，选用图 5-3 中的实线段；当岩石为喷出岩时，选用图 5-3 中的虚线。

同一岩石中有不同成分的斜长石时，本方法不能分别测出，而只能测出最基性的一种。

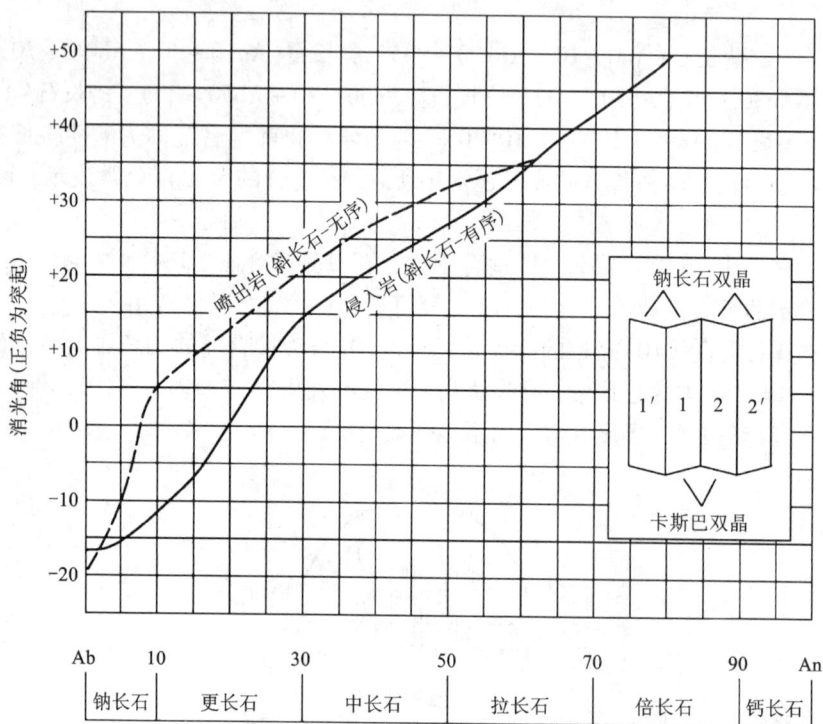

图 5-3　斜长石垂直(010)晶带上最大消光角与成分的关系图(**Burri**, **1967**)

三、实验报告内容

1. 观察对比斜长石和微斜长石的聚片双晶和格子双晶，绘图表示之。
2. 采用垂直(010)晶带的最大消光角法测定斜长石的牌号，描述其测定步骤及结果。

实验六

一轴晶干涉图、二轴晶干涉图

一、实验目的与要求

1. 认识一轴晶、二轴晶不同类型干涉图的图像特点。
2. 学会应用垂直光轴切面及斜交光轴切面干涉图，测定一轴晶矿物的光性符号。
3. 观察二轴晶干涉图，测定光性符号和 $2V$ 角。

二、锥光镜下观察的操作程序

1. 用中、低倍物镜，将选择的合适的矿物颗粒移至视域中心。要选择垂直光轴的切面，应在正交偏光镜间找到全消光的颗粒；要选择平行光轴或光轴面的切面，应选择干涉色级序最高的颗粒。
2. 换用高倍镜(40、50 或 60 倍)，仔细对焦。特别注意不要把盖玻片朝下。
3. 校正中心。
4. 加上聚光镜，并把聚光镜升到最高位置。注意不要顶住矿片。
5. 加入上偏光镜，并一定要正交；加入勃氏镜。此时可观察到干涉图。
6. 旋转载物台，观察干涉图的变化，判断矿物的轴性及切面方向。
7. 利用消色器判断矿物的光性。

三、实验内容

1. 通过教师演示，观察黑云母(特制片)垂直光轴切面、方解石斜交光轴切面、白云母垂直 Bxa 切面的干涉图图像特征，并利用石英楔测定其光性正负。(黑云母属二轴晶，但其 $2V = 0° \sim 10°$，因而有些黑云母可视作一轴晶。)
2. 在岩石薄片中选择石英垂直光轴或接近垂直光轴切面的颗粒进行干涉图观察，判断其轴性与切面类型，并利用石膏板测定其光性正负。
3. 在橄榄岩薄片中选择二轴晶不同切面的颗粒进行干涉图观察，判断其轴性与切面类型，并利用石英楔测定其光性正负。

4.选择角闪石垂直光轴的切面，观察其干涉图，并估计其2V角。

四、实验报告内容

1.简述锥光镜的装置及操作程序。

2.在石英岩中选择和观察石英垂直光轴和斜交光轴切面的干涉图，测定其轴性和光性。

3.选择和观察白云母近于垂直Bxa切面的干涉图，测定其光性符号。

实验七

主要造岩矿物的光性鉴定（一）

一、实验目的与要求

1. 在单偏光镜下、正交偏光镜下测定常见浅色矿物的光学性质。
2. 掌握浅色矿物主要光学性质，并注意相似矿物的区分。

二、实验内容

(一)浅色矿物的系统鉴定

需要鉴定的浅色矿物包括：石英（花岗岩、石英岩）、正长石（正长岩）、微斜长石（花岗岩）、斜长石（辉长岩、闪长岩）、白云母（云英岩、白云母片岩）、方解石（大理岩）。

(二)矿物显微镜下系统鉴定程序

1. 区分均质体和非均质体。

均质体：各个方向切面全消光，无干涉图；非均质体：仅垂直光轴切面全消光，有干涉图。

对于均质体：在单偏光下观察晶形、解理、突起等级、颜色等。

对于非均质体：在单偏光下观察晶形、解理、突起等级、闪突起、颜色、多色性、测定解理夹角等。

2. 在正交偏光镜下观察消光类型、双晶、延性符号及干涉色级序等。

3. 选择一个垂直光轴的切面，在锥光镜下确定轴性，测定光性符号。如为有色矿物，在单偏光镜下观察 No 或 Nm 的颜色。

4. 选择一个平行光轴或平行光轴面的切面，在正交偏光镜下测定最高干涉色级序、最大双折率和消光角的大小。如为有色矿物，观察 No、Ne 或 Ng、Np 等颜色。写出多色性和吸收性公式。

系统测定光学性质后，查阅有关资料，定出矿物名称。

（三）特殊切面特征

对于某些晶体光学特征的测定，需要特殊的切面方向。

1. 垂直光轴切面。

①有色矿物不显多色性。

②正交镜下全消光。

③锥光下显示一轴晶或二轴晶垂直光轴切面干涉图。

2. 平行光轴或平行光轴面切面。

①多色性最明显。

②干涉级序最高。

③锥光下显示平行光轴或光轴面切面干涉图。

三、实验报告内容

1. 观察石英、正长石、微斜长石、斜长石、白云母、方解石等浅色矿物的光性特征，分别描述和鉴定。

2. 系统鉴定斜长石，写出其在单偏光、正交偏光及锥光镜下的特征。

实验八

主要造岩矿物的光性鉴定(二)

一、实验目的与要求

1. 在单偏光镜下、正交偏光镜下测定常见暗色矿物的光学性质。

2. 掌握实验用矿物的主要光学性质;并注意相似矿物的区别,如橄榄石与普通辉石的区别,普通辉石与普通角闪石的区别,普通角闪石与黑云母的区别。

二、实验内容

(一)暗色矿物的系统鉴定

需要鉴定的矿物有:橄榄石(橄榄岩)、普通辉石(辉石岩、辉长岩)、普通角闪石(闪长岩、角闪岩)、黑云母(黑云母花岗岩)。

(二)多色性与吸收性的测定

暗色矿物的系统鉴定与浅色矿物大体相同,但一些暗色矿物具有多色性和吸收性的特征,需要测定并写出多色性公式与吸收性公式。

一轴晶矿物与二轴晶矿物的多色性和吸收性有所不同,其测定步骤也有些差异。测定步骤如下:

①在薄片中找到全消光的颗粒,在单偏光镜下记下其颜色,应为 No(一轴晶)或 Nm(二轴晶)的颜色。

②换到锥光镜下,观察其干涉图,确定其轴性。

③如果是一轴晶,在正交镜下找到干涉色最高的颗粒,系平行光轴的切面,分别测出两个相差90°的消光位上的颜色,分别为 No 和 Ne 方向的颜色。由于 No 方向已经测到,另一个方向就是 Ne。

④如果是二轴晶,在正交镜下找到干涉色最高的颗粒,系平行光轴面的切面,分别测出两个相差90°的消光位上的颜色,分别为 Ng 和 Np 方向的颜色。利用消色器测定所测光率体

主轴的名称。

⑤写出多色性公式，并根据颜色深浅，写出吸收性公式。

三、实验报告内容

1.观察橄榄石、普通辉石、普通角闪石、黑云母等暗色矿物的光性特征，分别描述和鉴定。

2.系统鉴定普通角闪石，写出其在单偏光、正交偏光及锥光镜下的特征。

第二篇

岩石学部分

实验一

超基性岩类

一、实验目的与要求

1. 掌握超基性岩的基本矿物共生组合、结构、构造和次生变化等,掌握超基性岩的分类命名原则。

2. 复习橄榄石、斜方辉石、单斜辉石、角闪石等矿物的鉴定特征,识别金云母、蛇纹石、尖晶石、磁铁矿、绿泥石等矿物的鉴定特征。

3. 学会准确估计矿物百分含量。

4. 了解掌握对岩石进行观察和薄片鉴定的方法,掌握岩石手标本和薄片的描述方法、内容和记录格式。

5. 课内 2 学时,课外 2 学时。

二、实验内容

(一)岩石手标本

观察岩石整体颜色(包括新鲜面和风化面)、结构、构造;主要矿物、次要矿物和副矿物,并分别描述各矿物的颜色、形态、光学性质、力学性质等鉴定特征,确定矿物颗粒的大小、含量;观察描述岩石的蚀变特征;岩石定名。

观察岩石手标本 5 块。

(二)薄片观察

1. 主要矿物:各主要矿物的颜色(包括多色性)、结晶习性、突起、解理、裂纹发育情况;最高干涉色、消光类型、光性类型、双晶特征等;发育的蚀变情况,颗粒的自形程度、大小、含量。

2. 次要矿物:同上。

3. 副矿物:基本同上。

4. 次生矿物：次生矿物类型、鉴别特征、分布特征、含量等。

5. 岩石的构造、整体的结构、局部结构。如果岩石具斑状结构则主要矿物和次要矿物需要按斑晶和基质分别描述。

6. 分析确定岩石的类别、生成条件、矿物的生成顺序以及成岩后变化等。

7. 确定超基性岩的名称。

注意：

①识别橄榄石、斜方辉石、单斜辉石（附图Ⅰ-1、2、3、4）、尖晶石（附图Ⅰ-3、4）、金云母（附图Ⅰ-5、6）、磁铁矿的鉴定特征。

②观察自形粒状结构（附图Ⅰ-1、2、3、4），（变）斑状结构（附图Ⅰ-5、6）。

③观察反应边结构、包含结构（附图Ⅰ-7）。

④观察蛇纹石（附图Ⅰ-5、6）、绿泥石的鉴别特征。⑤观察海绵陨铁结构（附图Ⅰ-8）特征。⑥观察科马提岩的鬣刺结构（附图Ⅰ-9）特征。

观察岩石薄片3片。

三、实验报告要求

1. 提交超基性岩手标本描述报告和手标本素描图一份。

2. 提交超基性岩薄片鉴定报告和薄片素描图一份。

思考题

1. 超基性岩的主要代表性岩石有哪些？

2. 试述超基性岩的矿物组成、结构构造、主要蚀变类型、产状、分布、矿产等。

3. 何为主要矿物，次要矿物和副矿物？

4. 如何在显微镜下区分斜方辉石和单斜辉石？

5. 如何确定矿物的生成顺序？

实验二

基性侵入岩类

一、实验目的与要求

1. 掌握基性侵入岩的矿物成分与结构构造的基本特征，分类命名以及常见的基性岩的代表种属。

2. 掌握橄榄石、斜方辉石、单斜辉石、角闪石、黑云母、斜长石、磷灰石等矿物的鉴定特征，掌握斜长石牌号的测定方法。

3. 逐步学会岩石鉴定、观察与描述的方法；正确地给岩石定名及编写岩石鉴定报告。

4. 课内 2 学时，课外 1 学时。

二、实验内容

1. 岩石手标本(同实验一)。

2. 薄片观察(同实验一)。

注意：

①基性斜长石的双晶类型及其特点(附图Ⅱ-1、2)，并测定其牌号。

②根据光性特征区分斜方辉石、单斜辉石(附图Ⅱ-2、3)。

③观察橄榄石与辉石的区别。

④识别黑云母的光性特征(附图Ⅱ-1、2)。

⑤识别辉长结构(附图Ⅱ-2)、辉绿结构(附图Ⅱ-3)、反应边结构、包橄结构、席勒结构、海绵陨铁结构等。

⑥识别绿泥石化、钠黝帘石化、绢云母化等蚀变。

3. 分析确定岩石的类别、生成条件、矿物的生成顺序以及成岩后变化等。

4. 确定基性侵入岩的名称。

5. 观察岩石手标本 5 块，岩石薄片 3 片。

三、实验报告要求

1. 提交基性侵入岩手标本描述报告和手标本素描图一份。
2. 提交基性侵入岩薄片鉴定报告和薄片素描图一份。

思考题

1. 基性侵入岩的主要代表性岩石有哪些？
2. 试述基性侵入岩的矿物组成、结构构造、主要蚀变类型、产状、分布、矿产等？
3. 何为岩浆岩的结构，岩浆岩的构造？
4. 何为辉长结构，辉绿结构，反应边结构，包橄结构和海绵陨铁结构？

实验三

基性喷出岩

一、实验目的与要求

1.掌握基性喷出岩的矿物成分、结构构造特征,并分析其形成条件。

2.掌握橄榄石、斜方辉石、单斜辉石、基性斜长石等矿物,以及伊丁石、玻璃质物质的鉴定特征,掌握微晶斜长石牌号的测定。

3.掌握基性喷出岩的分类命名原则。

4.逐步学会观察鉴定和描述喷出岩的方法;正确地给岩石定名及编写岩石鉴定报告。

5.课内2学时,课外1学时。

二、实验内容

1.岩石手标本(同实验一)。

2.薄片观察(同实验一)。

注意:

①观察基性斜长石斑晶的双晶类型及其特点,并测定其牌号。

②测定基质中微晶斜长石的牌号。

③根据光性特征区分斜方辉石、单斜辉石。

④识别显微斑状结构(附图Ⅱ-4、5)、间粒结构、间粒-间隐结构(附图Ⅱ-6、7、8)、间隐结构(附图Ⅱ-4、5)、反应边结构。

⑤识别伊丁石的交代假象结构(附图Ⅱ-3、7、8)。

⑥观察气孔构造(附图Ⅱ-7、8)、杏仁构造(附图Ⅱ-4、5),以及杏仁充填物的组成等。

⑦观察绿泥石化、钠黝帘石化、绢云母化等蚀变特征。

3.分析确定岩石的类别、生成条件、矿物的生成顺序以及成岩后变化等。

4.确定基性喷出岩的名称。

5.观察岩石手标本3块,岩石薄片3片。

三、实验报告要求

1. 提交基性喷出岩手标本描述报告和手标本素描图一份。
2. 提交基性喷出岩薄片鉴定报告和薄片素描图一份。

思考题

1. 基性喷出岩的代表性岩石有哪些？
2. 试述基性喷出岩化学成分、矿物组成、结构构造等基本特征。
3. 何为斑状结构，间粒结构，间隐结构，间粒－间隐结构，气孔构造和杏仁构造？

实验四

中性侵入岩类

一、实验目的与要求

1. 掌握中性侵入岩的矿物成分、结构等基本特征,分类命名以及常见的中性侵入岩的代表种属。

2. 掌握普通角闪石、黑云母、中性斜长石、正长石、石英、榍石、磷灰石等矿物的鉴定特征,掌握斜长石牌号的测定。

3. 识别鉴定主要中性侵入岩,掌握中性侵入岩的分类命名原则。

4. 逐步学会鉴定岩石和观察与描述的方法;正确地给岩石定名及编写岩石鉴定报告。

5. 课内 2 学时,课外 1 学时。

二、实验内容

1. 岩石手标本(同实验一)。

2. 薄片观察(同实验一)。

注意:

①观察中性斜长石的双晶类型及其特点(附图Ⅱ-9),并测定其牌号。

②根据光性特征区分辉石、角闪石(附图Ⅲ-1)、黑云母(附图Ⅱ-9);

③观察碱性长石的种类、双晶类型及其特点(附图Ⅲ-1)。

④观察石英的形态和光性特征(附图Ⅲ-2)。

⑤观察磷灰石、榍石的光性特征。

⑥识别半自形粒状结构、环带结构(附图Ⅱ-9)、二长结构等。

⑦观察绿泥石化、绿帘石化、钠黝帘石化、黏土化(附图Ⅲ-2)、绢云母化、碳酸盐化、硅化等蚀变特征。

3. 分析确定岩石的类别、生成条件、矿物的生成顺序以及成岩后变化等。

4. 确定中性侵入岩的名称。

5. 观察岩石手标本 4 块,岩石薄片 3 片。

三、实验报告要求

1. 提交中性侵入岩手标本描述报告和手标本素描图一份。
2. 提交中性侵入岩薄片鉴定报告和薄片素描图一份。

思考题

1. 中性侵入岩的主要代表性岩石有哪些？
2. 试述中性侵入岩矿物组成、结构构造、主要蚀变类型、产状、分布、矿产等。
3. 何为半自形粒状结构，环带结构？
4. 如何区分钠黝帘石化、绢云母化、黏土化？

实验五

中性喷出岩类

一、实验目的与要求

1. 掌握中性喷出岩的矿物成分、结构构造特征,并分析其形成条件。
2. 掌握角闪石、黑云母、中性斜长石等矿物,以及玻璃质物质的鉴定特征,掌握微晶斜长石牌号的测定。
3. 掌握中性喷出岩的分类命名原则。
4. 逐步学会观察鉴定和描述喷出岩的方法;正确地给岩石定名及编写岩石鉴定报告。
5. 课内 2 学时,课外 1 学时。

二、实验内容

1. 岩石手标本(同实验一)。
2. 薄片观察(同实验一)。

注意:

①观察中性斜长石斑晶的双晶类型及其特点,并测定其牌号。
②测定基质中微晶斜长石的牌号。
③根据光性特征区分角闪石、黑云母。
④识别角闪石、黑云母的暗化边结构(附图Ⅲ-3)。
⑤识别斑状结构、交织结构、玻基交织结构(附图Ⅲ-3)。
⑥观察气孔构造、杏仁构造,以及杏仁充填物的组成等。
⑦识别绿泥石化、钠黝帘石化、碳酸盐化、绢云母化、黏土化(附图Ⅲ-3)、青磐岩化等蚀变特征。

3. 分析确定岩石的类别、生成条件、矿物的生成顺序以及成岩后变化等。
4. 确定中性喷出岩的名称。
5. 观察岩石手标本 3 块,岩石薄片 3 片。

三、实验报告要求

1. 提交中性喷出岩手标本描述报告和手标本素描图一份。
2. 提交中性喷出岩薄片鉴定报告和薄片素描图一份。

思考题

1. 中性喷出岩的代表性岩石有哪些？
2. 试述中性喷出岩化学成分、矿物组成、结构构造等基本特征。
3. 如何区别安山岩与玄武岩？
4. 何为交织结构，玻基交织结构和暗化边结构？

实验六

酸性侵入岩类

一、实验目的与要求

1.掌握酸性侵入岩的矿物成分、结构等基本特征,分类命名以及常见的酸性侵入岩的代表种属。

2.掌握黑云母、角闪石、酸性斜长石、微斜长石、正长石、石英、榍石、磷灰石、锆石等矿物的鉴定特征。

3.熟练掌握岩浆岩的观察鉴定与描述的方法;正确地给岩石定名及编写岩石鉴定报告。

4.课内 2 学时,课外 1 学时。

二、实验内容

1.岩石手标本(同实验一)。

2.薄片观察(同实验一)。

注意:

①观察酸性斜长石的双晶类型及其特点(附图Ⅲ -4、5),并测定其牌号。

②根据光性特征区分黑云母、角闪石。

③观察碱性长石的种类、双晶类型及其特点(附图Ⅲ -4、5、6、7)。

④观察石英的形态和光性特征(附图Ⅲ -4、5、6、7、8)。

⑤识别磷灰石、榍石、锆石的光性特征。

⑥识别半自形 - 它形粒状结构(花岗结构)、条纹结构(附图Ⅲ -4、5)、文象结构、熔蚀结构(附图Ⅲ -8)、蠕虫结构(附图Ⅲ -9)等。

⑦识别绿泥石化(附图Ⅲ -6、7)、云英岩化、硅化、钠长石化、绢云母化(附图Ⅲ -7)、高岭石化(附图Ⅲ -6、7)等蚀变特征。

3.分析确定岩石的类别、生成条件、矿物的生成顺序以及成岩后变化等。

4.确定酸性侵入岩的名称。

5.观察岩石手标本 4 块,岩石薄片 3 片。

三、实验报告要求

1. 提交酸性侵入岩手标本描述报告和手标本素描图一份。
2. 提交酸性侵入岩薄片鉴定报告和薄片素描图一份。

思考题

1. 酸性侵入岩的主要代表性岩石有哪些？
2. 试述酸性侵入岩矿物组成、结构构造、主要蚀变类型、产状、分布、矿产等。
3. 花岗岩中哪些是主要矿物，哪些是次要矿物？其各自的光性特征及其含量如何？
4. 石英与斜长石、碱性长石如何区别？
5. 黑云母、角闪石、单斜辉石、斜方辉石如何区别？
6. 似斑状结构与斑状结构有何区别？
7. 斑岩和玢岩有何不同？
8. 何为半自形－它形粒状结构，文象结构，蠕虫结构和条纹结构？

实验七

酸性喷出岩类

一、实验目的与要求

1. 掌握酸性喷出岩的矿物成分、结构构造的特征。
2. 掌握角闪石、黑云母、酸性斜长石等矿物，以及酸性玻璃质物质的鉴定特征。
3. 掌握酸性喷出岩的分类命名原则。
4. 课内 2 学时，课外 1 学时。

二、实验内容

1. 岩石手标本(同实验一)。
2. 薄片观察(同实验一)。
注意：
①观察透长石、石英斑晶的特点。
②根据光性特征区分角闪石、黑云母。
③识别黑云母、角闪石的暗化边结构。
④识别斑状结构、熔蚀结构、暗化边结构、玻璃质结构、雏晶结构、球粒结构(附图Ⅵ-1)、霏细结构。
⑤识别流纹构造(附图Ⅵ-1)、珍珠状构造(附图Ⅵ-2)，以及杏仁充填物的组成等。
⑥识别次生石英岩化、绢云母化、高岭石化(附图Ⅵ-1)等蚀变特征。
3. 分析确定岩石的类别、生成条件、矿物的生成顺序以及成岩后变化等。
4. 确定酸性喷出岩的名称。
5. 观察岩石手标本 5 块，岩石薄片 3 片。

三、实验报告要求

1. 提交酸性喷出岩手标本描述报告和手标本素描图一份。

2. 提交酸性喷出岩薄片鉴定报告和薄片素描图一份。

思考题

何为熔蚀结构，雏晶结构，霏细结构，球粒结构和流纹构造？

实验八

碱性岩类

一、实验目的与要求

1. 掌握碱性岩的矿物成分、结构等基本特征，分类命名原则。
2. 掌握霞石、假白榴石、方钠石、碱性长石、碱性暗色矿物等的鉴定特征。
3. 熟练掌握岩浆岩的观察鉴定与描述的方法；正确地给岩石定名及编写岩石鉴定报告。
4. 课内 2 学时，课外 2 学时。

二、实验内容

1. 岩石手标本（同实验一）。
2. 薄片观察（同实验一）。

注意：

①观察碱性长石的双晶类型及其特点，并测定钠长石牌号。
②根据光性特征区分碱性暗色矿物（附图Ⅵ-3）。
③识别霞石（附图Ⅵ-3）、假白榴石（附图Ⅵ-4、5）、方钠石的鉴定特征。
④识别绢云母化（附图Ⅵ-4）、高岭石化（附图Ⅵ-3）等蚀变。

3. 分析确定岩石的类别、生成条件、矿物的生成顺序以及成岩后变化等。
4. 确定碱性岩的名称。
5. 观察岩石手标本 3 块，岩石薄片 3 片。

三、实验报告要求

1. 提交碱性岩手标本描述报告和手标本素描图一份。
2. 提交碱性岩薄片鉴定报告和薄片素描图一份。

思考题

1. 碱性岩的主要代表性岩石有哪些？
2. 试述碱性岩矿物组成、结构构造、主要蚀变类型、产状、分布、矿产等。
3. 霞石和假白榴石的肉眼和显微镜下特征。

实验九

脉岩类

一、实验目的与要求

1. 了解掌握脉岩的分类命名原则，掌握三类脉岩的矿物成分、结构构造的特征。
2. 掌握煌斑结构、伟晶文象结构、细晶结构特征及其形成条件。
3. 课内 2 学时，课外 2 学时。

二、实验内容

1. 岩石手标本（同实验一）。
2. 薄片观察（同实验一）。
注意：
①识别煌斑结构的特点（附图Ⅵ-6、7）。
②根据光性特征区分角闪石（附图Ⅵ-7）、黑云母（附图Ⅵ-6）。
③注意石英、磷灰石的光性差别和分布特征（附图Ⅵ-6）。
④识别伟晶文象结构（附图Ⅵ-8）。
⑤识别细晶结构（附图Ⅵ-9）。
3. 分析确定岩石的类别、生成条件、矿物的生成顺序以及成岩后变化等。
4. 确定脉岩的名称。
5. 观察岩石手标本 4 块，岩石薄片 3 片。

三、实验报告要求

1. 提交脉岩手标本描述报告和手标本素描图一份。
2. 提交脉岩薄片鉴定报告和薄片素描图一份。

思考题

1. 煌斑结构、细晶结构、伟晶文象结构的定义是什么？
2. 脉岩的主要代表性岩石、矿物组成、结构构造？

实验十

正常沉积碎屑岩类

一、实验目的与要求

1.掌握正常沉积碎屑岩类的碎屑颗粒成分、结构、构造等基本特征，分类命名以及常见岩石的代表种属。

2.认真观察碎屑岩中填隙物，正确区分杂基和胶结物，确定胶结物种类，识别次生加大现象，掌握海绿石鉴别特征。

3.学会碎屑岩的观察鉴定与描述的方法；正确地给岩石定名及编写岩石鉴定报告。

4.课内 2 学时，课外 2 学时。

二、实验内容

1.岩石手标本。

观察、描述岩石的颜色（包括新鲜面和风化面）、结构、构造。观察碎屑岩中碎屑颗粒大小（mm），判别碎屑颗粒的均一程度；观察碎屑的鉴定特征并估算碎屑颗粒的含量；观察碎屑颗粒矿物组成（石英端元、长石端元、岩屑端元）和各端元物质的鉴定特征（如石英无色透明；钾长石新鲜时，呈肉红色，解理清楚，解理面上玻璃光泽强；白云母呈白色，珍珠光泽强），分别描述各端元的形态、大小和含量等。观察填隙物特征并确定其含量。岩石的支撑类型，胶结类型；对岩石进行初步定名。

2.薄片观察。

观察、描述岩石的结构，确定各碎屑颗粒在岩石中的含量，观察碎屑颗粒大小（mm）、碎屑颗粒形态和磨圆程度（附图 V－1、2）。

（1）碎屑成分。

石英端元（占碎屑颗粒的含量）：分别描述单晶石英、多晶石英、硅质岩岩屑的形态、大小和含量（附图 V－1、2、3、4、5、6、7、8）。

长石端元（占碎屑颗粒的含量）：分别描述具格子状双晶的微斜长石、卡式双晶的正长石、聚片双晶的斜长石的形态、大小和含量（附图 V－5、6、7、8）。描述花岗岩岩屑和花岗片麻岩岩屑的形态、大小和含量。

岩屑端元(占碎屑的含量):描述岩屑的种类、形态、大小和含量(附图 V-9)。若还可见白云母、黑云母,确定其占碎屑颗粒的含量;若有重矿物(如锆石、电气石、磷灰石等),分别描述它们的形态、大小和含量。

(2)填隙物。

填隙物在岩石中的含量(附图 V-1、2、3、5、7),若为杂基,判别其特征(是否有部分已经重结晶为高岭石正杂基)(附图 V-7),描述杂基占填隙物的含量;若为胶结物,描述胶结物的类型、特征和含量(附图 V-7)。

(3)岩石的支撑类型及胶结类型。

成岩后生变化:

①同生期:(如原杂基部分重结晶成高岭石正杂基,黏土溶蚀碎屑)。

②成岩—后生期:(如黏土是否围绕长石和石英重结晶)。

③后生期:(如长石及石英的次生加大)(附图 V-3、4)。

(4)岩石详细定名。

3. 观察岩石手标本 5 块,岩石薄片 3 片。

三、实验报告要求

1. 提交碎屑岩手标本描述报告和手标本素描图一份。
2. 提交碎屑岩薄片鉴定报告和薄片素描图一份。

思考题

1. 试述砂岩最主要的分类指标有哪四个?这四个指标的关系如何?并对比论述石英砂岩、长石砂岩、岩屑砂岩的特征。
2. 粗碎屑岩是如何分类的?简述各类粗碎屑岩的特征?
3. 何为次生加大,颗粒支撑,杂基支撑?
4. 何为结构成熟度,成分成熟度?
5. 碎屑岩的胶结类型有哪几种?
6. 何为自生矿物,其有何共同特点?

实验十一

火山碎屑岩类

一、实验目的与要求

1. 掌握火山碎屑岩的碎屑颗粒成分、结构、构造等基本特征，分类命名以及常见岩石的代表种属。

2. 正确识别岩屑、晶屑和玻屑。

3. 学会火山碎屑岩的观察鉴定与描述的方法；正确地给岩石定名及编写岩石鉴定报告。

4. 课内 2 学时，课外 1 学时。

二、实验内容

1. 岩石手标本。

①描述岩石的颜色、结构、构造。②观察火山碎屑岩中碎屑颗粒大小（mm），均一程度，碎屑形态、碎屑含量。③观察碎屑颗粒组成：岩屑、晶屑的鉴定特征，填隙物特征和含量。岩石初步定名。

2. 薄片观察。

描述岩石的结构、各碎屑颗粒在岩石中的含量、碎屑颗粒大小（mm）和碎屑颗粒形态。

碎屑成分：

岩屑（占碎屑颗粒的含量）：描述刚性火山碎屑、塑性岩屑的形态、大小。注意塑性岩屑的外形、定向排列（附图Ⅵ－1、2），注意内部是否初具光性特征（脱玻化、蒙脱石化等）和碳酸盐化，判断原岩浆成分。如有气孔则观察其形状，鉴定内部有无充填矿物等。

晶屑（占碎屑颗粒的含量）：描述各种矿物晶屑的大小、形态（附图Ⅵ－1、2），约占碎屑颗粒的含量。

玻屑（占碎屑的含量）：描述玻屑的大小、形态、含量，观察突起正负，判断其酸度等级。

另外，如有正常沉积的岩屑，描述碎屑的形态、大小、占碎屑物质的含量。

填隙物：

填隙物在岩石中约占比例、颜色、成分。

岩石详细定名。

分析岩石的成岩后生变化。

3. 观察岩石手标本 3 块，岩石薄片 3 片。

三、实验报告要求

1. 提交火山碎屑岩手标本描述报告和手标本素描图一份。

2. 提交火山碎屑岩薄片鉴定报告和薄片素描图一份。

思考题

1. 简述火山碎屑岩的岩石类型及其成分与结构构造特征。

2. 何为刚性岩屑、塑性岩屑、晶屑、玻屑？

实验十二

粉砂岩、泥质岩类

一、实验目的与要求

1. 掌握粉砂岩、泥质岩的分类命名原则及基本特征，常见岩石的代表种属。
2. 掌握粉砂岩、泥质岩的观察鉴定与描述的方法。
3. 课内 2 学时，课外 2 学时。

二、实验内容

1. 岩石手标本。

观察、描述岩石的颜色、结构、构造；描述粉砂岩、泥质岩的手感特征：表面是否光滑，有无砂感，是否污手，硬度，块体密度，用小刀可否刮出刨花状的岩片等特征，进行岩石初步定名。

2. 薄片观察。

注意：

①砂岩类的描述同实验十。

②对泥质岩类主要观察颜色，层厚（附图Ⅵ-3、4），是否含粉砂、砂，观察这些碎屑的成分、颗粒形态、大小、含量等特征。

③识别粉砂状结构。

④识别泥状结构、粉砂泥状结构、生物泥状结构、鲕状或豆状结构、砾状及角砾状结构。

3. 观察岩石手标本 5 块，岩石薄片 3 片。

三、实验报告要求

1. 提交泥质岩手标本描述报告和手标本素描图一份。
2. 提交泥质岩薄片鉴定报告和薄片素描图一份。

思考题

1. 泥质岩是如何分类命名的？
2. 试述黏土页岩、油页岩与炭质页岩的区别。
3. 泥岩与页岩有何区别？

实验十三

碳酸盐岩类

一、实验目的与要求

1. 掌握方解石和白云石的鉴别方法，掌握各种异化颗粒的鉴别特征。
2. 掌握碳酸盐岩的分类及命名原则和主要岩石类型。
3. 认真观察内碎屑灰岩的填隙物，正确区分泥晶和亮晶胶结物鉴别特征。
4. 学会对碳酸盐岩的观察鉴定与描述的方法；正确地给岩石定名及编写岩石鉴定报告。
5. 课内 2 学时，课外 2 学时。

二、实验内容

1. 岩石手标本。

观察、描述岩石的颜色(包括新鲜面和风化面)、结构、构造。对看不出碎屑颗粒的，观察岩石的强度、岩石断口特征、粉末颜色，观察滴加稀盐酸后岩石表面是否有起泡及起泡的程度；对可看出碎屑成分的岩石，还需要进一步观察描述粒屑的大小(mm)、碎屑形态、碎屑含量、均一程度，对岩石的磨圆度和分选性进行评价。粒屑组成可分为：①内碎屑，②球粒(团粒)；③包粒(包括鲕粒、豆粒、生物包壳颗粒)；④骨粒或骨屑；⑤核形石及凝块石等。观察描述这些粒屑各自的颜色、形态、大小、含量等特征。观察岩石中填隙物含量，按填隙物的颜色区分泥晶和亮晶，并确定各自的含量。确定岩石的支撑类型和胶结类型。观察是否发育缝合线构造和方解石脉等。给岩石初步定名。

2. 薄片观察。

无粒屑的碳酸盐岩按结晶性岩石格式描述，有粒屑的碳酸盐岩按碎屑岩格式采用异化颗粒类型、亮晶、泥晶描述。

注意：

①根据光性特征可区分细晶以上的方解石、白云石，对于泥晶的白云石和方解石需要经茜素红染色处理，变红色的为方解石，不变色的为白云石。

②描述粒屑时要分内碎屑(附图Ⅵ-5)，球粒(团粒)，包粒(包括鲕粒(附图Ⅵ-6、7、8)、

豆粒、生物包壳颗粒),骨粒或骨屑(附图Ⅵ-7、9)等进行描述。

③根据填隙物的颗粒大小、边界的平直程度、干净明亮与否,区别亮晶(附图Ⅵ-5、6、7)和泥晶(附图Ⅵ-8、9)。

④观察岩石中是否有陆源碎屑。

⑤观察岩石中是否可见蛋白石、玉髓、石英等自生的非碳酸盐矿物。

⑥识别鲕状结构(附图Ⅵ-6、7、8)、球粒结构、微晶结构、生物结构(附图Ⅵ-9)、栉状结构(附图Ⅵ-6)。

⑦确定粒屑与填隙物之间的胶结类型。

⑧识别层理、缝合线、叠层构造(附图Ⅶ-1)、鸟眼构造、示底构造、虫孔构造及碳酸盐化方解石脉等。

3.观察岩石手标本5块,岩石薄片3片。

三、实验报告要求

1.提交碳酸盐岩手标本描述报告和手标本素描图一份。

2.提交碳酸盐岩薄片鉴定报告和薄片素描图一份。

思考题

1.简述碳酸盐岩的分类及命名原则。

2.肉眼和显微镜下如何区分泥晶和亮晶?

3.何为叠层构造、鸟眼构造和示底构造?

4.鲕状灰岩是怎么形成的?如何判别其形成环境?

5.竹叶状灰有何特征?它是怎样形成的?如何判别其形成环境?

实验十四

蒸发岩类和硅质岩类

一、实验目的与要求

1. 掌握石膏岩和硬石膏岩的基本特征；掌握石膏、硬石膏的鉴定特征。
2. 掌握硅质岩的基本特征。
3. 正确地给岩石定名及编写岩石鉴定报告。
4. 课内 2 学时，课外 1 学时。

二、实验内容

1. 岩石手标本（按结晶性岩石格式描述）。
2. 薄片观察（按结晶性岩石格式描述）。

注意：
① 根据光性特征区分石膏、硬石膏（附图Ⅶ–2、3）和天青石等。
② 观察硅质岩时正确区分蛋白石、玉髓、自生石英和陆源碎屑石英。

3. 观察岩石手标本 3 块，岩石薄片 2 片。

三、实验报告要求

1. 提交蒸发岩类和硅质岩手标本描述报告和手标本素描图一份。
2. 提交蒸发岩类和硅质岩薄片鉴定报告和薄片素描图一份。

思考题

简述蒸发岩的形成条件。

实验十五

热接触变质岩类

一、实验目的与要求

1. 掌握热接触变质岩的矿物成分与结构构造等基本特征，分类命名以及常见的热接触变质岩的代表种属。

2. 掌握堇青石、红柱石等典型热接触变质矿物的鉴定特征及其与斑点板岩中斑点的区别。

3. 正确地给岩石定名及编写岩石鉴定报告。

4. 课内 2 学时，课外 2 学时。

二、实验内容

1. 岩石手标本（按结晶性岩石格式描述）。

2. 薄片观察（按结晶性岩石格式描述）。

注意：

①观察斑点的形态特征及光性特征（附图Ⅶ-4）。

②观察堇青石的形态及连晶特征（附图Ⅶ-5、6）。

③观察红柱石形态、空心现象和绢云母化特征（附图Ⅶ-7）。

④区分变余结构（附图Ⅶ-4）、变斑状结构（附图Ⅶ-5、6、7）、角岩结构（附图Ⅶ-5、6、7）、等粒变晶结构等。

⑤掌握斑点构造特征。

⑥观察角岩结构特征。

3. 观察岩石手标本 5 块，岩石薄片 3 片。

三、实验报告要求

1. 提交热接触变质岩手标本描述报告和手标本素描图一份。

2.提交热接触变质岩的薄片鉴定报告和薄片素描图一份。

思考题

1. 何为角岩?
2. 简述泥质岩类岩石在热接触变质条件下的变质产物。
3. 简述碳酸盐岩在热接触变质条件下的变质产物。

实验十六

气液交代变质岩类

一、实验目的与要求

1. 掌握气液交代变质岩分类命名以及常见的交代变质岩的代表种属。

2. 掌握钙质石榴石、透辉石、绿帘石、透闪石、阳起石、镁橄榄石、蛇纹石、萤石、黄玉、电气石等典型交代变质矿物鉴定特征。

3. 学会对交代假象结构、交代残留结构、交代斑状结构、交代净边结构等交代结构的识别。

4. 正确地给岩石定名及编写岩石鉴定报告。

5. 课内 2 学时，课外 2 学时。

二、实验内容

1. 岩石手标本(按结晶性岩石格式描述)。

2. 薄片观察(按结晶性岩石格式描述)。

注意：

①观察钙质石榴石的形态特征、突起(附图Ⅶ－8、9、Ⅷ－1、2)、环带(附图Ⅶ－9)和异常干涉色(附图Ⅶ－9、Ⅷ－2)及连晶特征(附图Ⅷ－2)。

②观察绿帘石(附图Ⅷ－3、4)、透辉石(附图Ⅷ－5、6)的差别。

③观察透闪石和阳起石的差别。

④注意蛇纹石交代橄榄石的交代假象结构(附图Ⅷ－7、8、9)及交代残留结构。

⑤观察分析云英岩中白云母各个切面的突起等特征及白云母的排列特征(附图Ⅸ－1、2)。

⑥观察萤石的鉴别特征(附图Ⅸ－1、2)。

3. 观察岩石手标本 5 块，岩石薄片 3 片。

三、实验报告要求

1. 提交交代变质岩手标本描述报告和手标本素描图一份。
2. 提交交代变质岩薄片鉴定报告和薄片素描图一份。

思考题

简述气液交代变质岩的主要岩石类型及其特征。

实验十七、十八

区域变质岩类

一、实验目的与要求

1. 掌握区域变质岩的分类命名原则与定名方法和常见区域变质岩的基本特征。

2. 掌握(铁铝－镁铝)石榴石、蓝晶石、蓝闪石、十字石、矽线石、绿辉石等变质矿物鉴定特征。

3. 掌握板状构造、千枚状构造、片状构造、片麻状构造等岩石构造的标志。

4. 正确地给岩石定名及编写岩石鉴定报告。

5. 课内 4 学时，课外 4 学时。

二、实验内容

1. 岩石手标本(按结晶性岩石格式描述)。

2. 薄片观察(按结晶性岩石格式描述)。

注意：

①观察板状构造与千枚状构造的差别。

②观察片状构造(附图Ⅸ－3、4、5)与片麻状构造(附图Ⅸ－6、7、8)的差别。

③观察(铁铝－镁铝)石榴石的形态特征、突起特征、筛状变晶结构及变斑状结构(附图Ⅸ－8)。

④观察掌握蓝晶石(附图Ⅸ－9、Ⅹ－1)、蓝闪石的鉴定特征。

⑤观察十字石的十字双晶特征及筛状变晶结构。

⑥观察掌握矽线石(附图Ⅹ－2、3)等的鉴定特征。

⑦观察掌握绿辉石(附图Ⅹ－4)的鉴定特征。

⑧观察掌握斜长角闪片麻岩特征(附图Ⅹ－5、6)。

⑨正确识别鳞片粒状变晶结构(附图Ⅸ－3)、粒状柱状变晶结构(附图Ⅹ－5、6)、鳞片变晶结构(附图Ⅸ－4、5)、纤状变晶结构(附图Ⅹ－2、3)等变晶结构。

3. 观察岩石手标本 5 块，岩石薄片 3 片。

三、实验报告要求

1. 提交交代变质岩手标本描述报告和手标本素描图一份。
2. 提交交代变质岩薄片鉴定报告和薄片素描图一份。

思考题

1. 简述区域变质岩的主要岩石类型及其特征。
2. 如何正确识别板岩、千枚岩、片岩和片麻岩?
3. 简述云英岩与白云母石英片岩的异同。

实验十九

混合岩类、动力变质岩类

一、实验目的与要求

1. 掌握混合岩的分类命名原则与定名方法和常见混合岩的基本特征。
2. 掌握动力变质岩的分类命名原则与定名方法和常见动力变质岩的基本特征。
3. 掌握混合岩脉体和基体的鉴别特征及眼球状构造特征。
4. 掌握碎裂结构、碎斑结构、碎粒结构和糜棱结构特征。
5. 掌握正确地给岩石定名及编写岩石鉴定报告。
6. 课内 2 学时，课外 2 学时。

二、实验内容

1. 岩石手标本（按结晶性岩石格式描述）。
2. 薄片观察（按结晶性岩石格式描述）。

注意：

①观察混合岩基体特征（包括颜色、矿物成分、结构、构造、基体形态及大小、含量等）（附图 X −7、8）。

②观察混合岩脉体特征（包括颜色、矿物成分、结构、构造、基体形态及大小、含量等）（附图 X −7、8）。

③观察角砾构造、肠状构造、条带构造、眼球状构造、阴影构造特征。

④观察碎裂结构、碎斑结构、碎粒结构特征。

⑤观察糜棱结构（附图 X −9）特征。

3. 观察岩石手标本 5 块，岩石薄片 3 片。

三、实验报告要求

1. 提交动力变质岩或混合岩手标本描述报告和手标本素描图一份。

2.提交动力变质岩或混合岩薄片鉴定报告和薄片素描图一份。

思考题

1.什么是混合岩的基体和脉体?。
2.混合岩是如何分类的?
3.什么是动力变质岩?

实验二十

未知薄片鉴定

一、实验目的与要求

1. 督促学生对以往观察过的各类代表性岩石薄片进行复习。
2. 掌握正确地给岩石定名及编写岩石鉴定报告。
3. 课内 2 学时，课外 2 学时。

二、实验内容

1. 随机抽取以往观察过的各类岩石的代表性岩石薄片一片，进行系统鉴定。
2. 鉴定出岩石的主要成分、次要成分、结构、构造等特征。
3. 描述各成分的特征，包括鉴别特征、形态、大小、含量等。
4. 分析组分之间的生成顺序。
5. 判别成岩后生变化。
6. 正确地给岩石定名。
7. 选择代表性视域画素描图。

三、实验报告要求

实验报告要求为：提交岩石薄片鉴定报告和薄片素描图一份。

参考文献

[1] 北京大学地质学系岩矿教研室. 光性矿物学[M]. 北京：地质出版社，1979.

[2] 林培英. 晶体光学与造岩矿物[M]. 北京：地质出版社，2005.

[3] 康景霞. 晶体光性及光性矿物学实验指导书[M]，武汉：中国地质大学出版社，1989.

[4] 吴静，周梅，王蝶. 岩石学实验指导书[M]. 北京：地质出版社，2016.

[5] 肖渊甫，郑荣才，邓江红. 岩石学简明教程[M]. 第三版. 北京：地质出版社，2009.

[6] 常丽华，陈曼云，金巍等. 透明矿物薄片鉴定手册[M]. 北京：地质出版社，2014.

附表

附表 1　常见透明矿物光学性质

矿物名称	石英	正长石	微斜长石	斜长石	方解石
晶系	三方晶系(α) 六方晶系(β)	单斜晶系	三斜晶系	三斜晶系	三方晶系
形态	β-石英呈六方双锥；α-石英呈长柱状；集合体常呈它形粒状	沿 a 轴呈柱状、厚板状；常为不规则粒状	自形晶较少，多为不规则粒状；常与钠长石构成条纹，成微斜条纹长石	板片状或条状；有时呈它形粒状	具菱形的晶体等；或不规则等轴粒状；有时也呈鲕状、钟乳状、土状等集合体
颜色	无色等；薄片中无色透明	常成肉红色，也有灰白色；薄片中无色	浅蓝灰色、肉红色薄片中无色透明	常为灰色、无色等；薄片中无色	无色或白色，因杂质可呈各种颜色；薄片中无色透明
突起	正低突起	负低突起	负低突起	低负—低正突起。钠长石为负突起，中、拉长石为正突起	No 为中—高正突起，Ne 为低负突起；具显著闪突起
解理	无解理	{001}完全，{010}较完全。两者夹角90°	同正长石，两者夹角近于90°	{001}完全，{010}良好；两者夹角86°~87°	{1011}三组解理极完全；交角为75°
干涉色	最高为I级黄白色，一般为I级灰白	I级灰—灰白	同正长石	I级灰白—I级黄白（随An增大而增高）	高级白
消光性质	柱状轮廓者为平行消光	斜消光，消光角很小	斜消光，消光角较小	斜消光，随An改变而变	沿解理方向对称消光
双晶	薄片中不见或极少见	常见卡氏双晶等；但不出现聚片双晶	常见似纺锤状格子双晶，可有卡氏双晶	常见聚片双晶，如钠长石聚片双晶、卡钠复合双晶等	常见{0112}聚片双晶，薄片中双晶纹平行菱形解理的长对角线
延性符号	柱状晶体为正延性	负延性	正延性或负延性	负延性	负延性
变化	不见任何风化物	易变为高岭石；次是绢云母	同正长石	常绢云母化，有时高岭石化	薄片中不见风化物
晶系	斜方晶系	单斜晶系	单斜晶系	单斜晶系	

续附表 1

矿物名称	橄榄石	普通辉石	普通角闪石	黑云母
形态	晶体呈短柱状、厚板状或粒状	晶体呈短柱状，集合体常为半自形至它形粒状。横断面常近于八边形	晶体常沿 C 轴呈长柱状、杆状等。横断面常为六边形	常呈假六方板片状晶体或⊥(001)的叶片状、鳞片状
颜色	橄榄绿色；薄片中一般无色	绿黑至黑色；薄片中无色、浅褐或浅黄色	黑绿—黑色；薄片中具绿色和褐色两种。有强的多色性和吸收性；$Ng > Nm > Np$	黑、绿、深褐色；薄片中为褐、黄褐色。有极强的多色性和吸收性；$Ng = Nm > Np$
突起	高正突起，糙面显著	高正突起	中—高正突起	中正突起
解理	{010}不完全	{110}两组完全解理。(110)∧(110)=87°	{110}两组完全解理。(110)∧(110)=56°	{001}一组底面解理极完全
干涉色	Ⅱ级顶部到Ⅲ级底部	Ⅰ级顶部到Ⅱ级，一般不超过Ⅱ级中部	最高为Ⅱ级底部。常受矿物本身颜色干扰。	多在Ⅱ—Ⅲ级铁云母可达Ⅳ级
消光性质	平行消光	横断面上对称消光；⊥(010)的纵切面为平行消光，多数纵切面上斜消光	横切面上对称消光；⊥(010)的纵切面为平行消光，其余纵切面为斜消光，消光角一般小于25°	平行消光
双晶	有时可见	可见{100}简单双晶或聚片双晶，常见为{001}聚片双晶	{100}简单或聚片双晶比较常见	一般不显著
延长符号	可正可负，因切面不同而异	可正可负	沿晶体延长和解理方向为正延性	沿解理缝方向为正延性
变化	常蚀变为蛇纹石等；火山岩中常变为伊丁石	常变为绿泥石、假象纤闪石等	易蚀变为绿泥石、黑云母、绿帘石、阳起石等	常变为绿泥石等

附表2 常见矿物光性特征简表

光性特征 \ 矿物名称		橄榄石类			辉石类	
		镁橄榄石（斜方晶系）	贵橄榄石（斜方晶系）	铁橄榄石（斜方晶系）	紫苏辉石（斜方晶系）	顽火辉石（斜方晶系）
单偏光	形状	粒状、短柱状、长柱状、厚板状	粒状集合体、短柱状	短柱状、粒状	粒状、短柱状、横断面八边形	短柱状、横断面八边形
	颜色、多色性	无色	无色	浅黄色—橙黄色的多色性	浅绿（Ng）淡黄（Nm）淡红（Np）	无色或淡绿色
	解理	常见不规则裂纹	{010}不完全解理，裂纹发育	{010}不完全，{100}差	具辉石{110}解理，横断面上可见一组，纵断面上可见一组，其夹角87°~93°	短柱面上具有两组完全解理，横断面上可见一组完全解理
	折射率（突起等级）	$Ng=1.670\sim1.680$ $Nm=1.651\sim1.660$ $Np=1.635\sim1.640$ 正高突起	$Ng=1.692\sim1.732$ $Nm=1.674\sim1.715$ $Np=1.657\sim1.694$ 正高突起	$Ng=1.847\sim1.886$ $Nm=1.838\sim1.877$ $Np=1.805\sim1.835$ 正极高突起	$Ng=1.702\sim1.727$ $Nm=1.698\sim1.724$ $Np=1.689\sim1.711$ 正高突起	$Ng=1.665\sim1.677$ $Nm=1.659\sim1.672$ $Np=1.657\sim1.667$ 正高突起
正交偏光	最高干涉色	Ⅱ级—Ⅲ级绿	Ⅱ级—Ⅲ级底部	Ⅲ级顶部	Ⅰ级橙黄红	不超过Ⅰ级淡黄
	消光类型（最大消光角）	平行消光	平行消光	平行消光	柱面平行消光，横截面对称消光	柱面平行消光，横断面对称消光
	延性	正延性或负延性	正延性或负延性	正延性或负延性	正延性	正延性
锥光	轴性（光符）	二轴晶（+）	二轴晶（+）（-）	二轴晶（-）	二轴晶（-）	二轴晶（+）
	光轴角	（+）$2V=82°\sim89°$	（±）$2V=83°\sim88°$	（-）$2V=47°\sim54°$	（-）$2V=45°\sim65°$	（+）$2V=60°\sim80°$
	次生产物	叶蛇纹石、滑石、伊丁石、碳酸盐等	蛇纹石、皂石、滑石、伊丁石等	赤铁矿、褐铁矿、蛇纹石、绿泥石	蛇纹石、滑石、黑云母等	纤维蛇纹石、绢石化、滑石、纤维状角闪石等
	地质分布	主要产于接触变质的白云岩及白云质大理岩中	超基性岩、基性岩等地幔岩中	产于酸性及碱性火山岩晶洞中及富铁的变质岩中	超基性岩、基性岩及麻粒岩、紫苏花岗岩中	常见于超基性岩、基性岩
	与光性特征相近的其他矿物的区别	无解理，裂纹发育，平行消光，易发育蛇纹石化等	无解理，裂纹发育，平行消光，易发育蛇纹石化等，伴随有磁铁矿析出	与其他橄榄石的区别：折射率及双折率高，轴角小，负光性	平行消光，干涉色低，别于单斜辉石；负光性及多色性区别于顽火辉石	平行消光，干涉色低区别于单斜辉石；正光性区别于紫苏辉石

续附表2

光性特征		矿物名称	透辉石（单斜晶系）	普通辉石（单斜晶系）	霓辉石（单斜晶系）	绿辉石（单斜晶系）	硬玉（单斜晶系）
单偏光	形状		短柱状、横断面八边形或四边形	短柱状、八边形	柱状、针状、不规则粒状	柱状、粒状	粒状、纤维状或柱状集合体
	颜色、多色性		无色或浅褐色：浅褐色(Ng) 浅绿褐(Nm) 浅绿(Np)	无色或淡绿色：浅绿色—灰绿(Ng) 浅黄、绿(Nm) 浅绿黄、绿(Np)	黄、浅褐(Ng)；黄—绿(Nm)；橄榄绿(Np)；颜色呈环带状分布，霓石含量高绿色深	浅绿(Ng) 浅绿(Nm) 无色(Np)	无色，少数为：无色(Ng) 浅黄(Nm) 无色(Np) 浅绿(Np)
正交偏光	解理		具辉石{110}解理，横断面上具有两组完全解理，其夹角87°~93°，纵断面上可见一组完全解理				
	折射率（突起等级）		$Ng=1.696\sim1.728$ $Nm=1.672\sim1.706$ $Np=1.665\sim1.699$ 正高突起	$Ng=1.694\sim1.772$ $Nm=1.672\sim1.750$ $Np=1.671\sim1.743$ 正高突起	$Ng=1.730\sim1.800$ $Nm=1.710\sim1.780$ $Np=1.700\sim1.750$ 正高突起	$Ng=1.688\sim1.718$ $Nm=1.670\sim1.700$ $Np=1.662\sim1.691$ 正高突起	$Ng=1.665\sim1.674$ $Nm=1.657\sim1.663$ $Np=1.654\sim1.658$ 正中-高突起
	最高干涉色		Ⅱ级黄红	不超过Ⅱ级中部	Ⅱ级中部—Ⅲ级底部	Ⅱ级中部	Ⅰ级黄白—Ⅱ级中部
	消光类型（最大消光角）		$Ng \wedge c=38°\sim48°$，一般小于40°	$Ng \wedge c=39°\sim47°$，一般大于41°	$Np \wedge c=0°\sim30°$	$Ng \wedge c=39°\sim43°$	$Ng \wedge c=33°\sim35°$
	延性		正延性	正延性	负延性	正延性	正延性
锥光	轴性（光符）		二轴晶(+)	二轴晶(+)	二轴晶(+)(−)	二轴晶(+)	二轴晶(+)
	光轴角		$(+)2V=50°\sim63°$	$(+)2V=42°\sim60°$	$(-)2V=70°\sim90°$	$(+)2V=60°\sim74°$	$(+)2V=68°\sim72°$
	次生产物		蛇纹石、滑石、纤闪石、绿泥石等	绿泥石、纤闪石、透闪石、阳起石、绿帘石	绿泥石、绿帘石、褐帘石、赤铁矿	蛇纹石、角闪石	透闪石、纤闪石
	地质分布		常见于超基性-基性岩浆岩和接触交代变质岩及片麻岩中	基性岩、超基性岩等岩浆岩中常见	是碱性岩的典型矿物，常与霓石、富钠辉石、黑云母等共生	为榴辉岩的典型矿物，常与镁铝榴榴石等共生	为典型的高压矿物，主要产于高压变质岩石中，缅甸翡翠与钠长石、阳起石呈脉状产于蛇纹岩中
	与光性特征相近的其他矿物的区别		透辉石与斜方辉石区别为斜消光近于40°，闪石类区别：解理，普通辉石多色性及干涉色	与普通角闪石区别：解理夹角，多色性不明显，消光角较大，负延性	与普通辉石区别：解理夹角，绿辉石透辉石明显和负延性，霓辉石区多是多色性明显和负延性	与霓石、霓辉石区别：折射率较低，多色性较弱，消光角小	较其他辉石族折射率低；具辉石式解理，消光角较大和颜色与阳起石相区别

辉石类

续附表2

<table>
<tr><td colspan="2" rowspan="2">光性特征</td><td>矿物名称</td><td colspan="5">角闪石类</td></tr>
<tr><td></td><td>普通角闪石
（单斜晶系）</td><td>透闪石
（单斜晶系）</td><td>阳起石
（单斜晶系）</td><td>蓝闪石
（单斜晶系）</td><td>钠闪石
（单斜晶系）</td></tr>
<tr><td rowspan="5">单偏光</td><td>形状</td><td>长柱状、针状、纤维状</td><td>长柱状、纤维状和放射状集合体</td><td>长柱状、纤维状和放射状集合体</td><td>长柱状、粒状、纤维状集合体</td><td>针状、纤维状和放射状集合体</td></tr>
<tr><td>颜色、多色性</td><td>暗褐或深绿（Ng）
褐或绿（Nm）
浅褐或浅绿（Np）</td><td>无色</td><td>无色、含铁高的：
浅绿、绿（Ng）
浅黄绿（Nm）
浅黄黄（Np）</td><td>深天蓝色（Ng）
红紫或浅蓝（Nm）
无色或浅蓝（Np）</td><td>浅黄绿（Nm）
蓝
深蓝（Np）
典型的反吸收</td></tr>
<tr><td>解理</td><td colspan="5">具角闪石{110}解理，横断面上具有两组完全解理夹角56°或124°，纵断面只能见一组完全解理</td></tr>
<tr><td>折射率
（突起等级）</td><td>Ng=1.638~1.701
Nm=1.630~1.691
Np=1.620~1.681
正中—正高突起</td><td>Ng=1.622~1.640
Nm=1.612~1.630
Np=1.599~1.619
正中突起</td><td>Ng=1.640~1.705
Nm=1.630~1.697
Np=1.619~1.688
正中—正高突起</td><td>Ng=1.627~1.670
Nm=1.622~1.667
Np=1.606~1.661
正高突起</td><td>Ng=1.668~1.720
Nm=1.662~1.711
Np=1.654~1.701
正高突起</td></tr>
<tr><td>最高干涉色</td><td>Ⅱ级蓝绿，但常自身颜色影响</td><td>Ⅱ级橙黄</td><td>Ⅱ级中部</td><td>Ⅰ级</td><td>Ⅰ级灰白—橙黄常自身颜色掩盖</td></tr>
<tr><td rowspan="2">正交偏光</td><td>消光类型
（最大消光角）</td><td>Ng∧c=13°~34°</td><td>Ng∧c=16°~21°</td><td>Ng∧c=10°~15°</td><td>Ng∧c=4°~14°</td><td>Np∧c=3°~21°
消光位色散</td></tr>
<tr><td>延性</td><td colspan="4">正延性</td><td>负延性</td></tr>
<tr><td rowspan="2">锥光</td><td>轴性（光符）</td><td colspan="4">二轴晶（—）</td><td>二轴晶（—）</td></tr>
<tr><td>光轴角</td><td>（—）2V=85°~53°</td><td>（—）2V=86°~83°</td><td>（—）2V=83°~65°</td><td>（—）2V=50°~0°</td><td>（—）2V=80°~90°</td></tr>
<tr><td colspan="2">次生产物</td><td>黑云母、绿泥石、绿帘石、纤维状阳起石和碳酸盐矿物</td><td>滑石，可替代透辉石呈假象，称假象纤石化</td><td>滑石、蛇纹石、碳酸盐</td><td>蓝闪石可变为绿色角闪石、绿泥石、绿帘石等混合物</td><td>褐铁矿、菱铁矿、细粒石英</td></tr>
<tr><td colspan="2">地质分布</td><td>三大类岩石中均有产出</td><td>产自云质碳酸盐岩浆岩接触变质带与富镁质的片岩中，变质的超基性—基性岩中</td><td>由普通角闪石、辉石退化变而成，可变为绿色角闪石或绿泥石绿帘石混合物</td><td>主要产自变质岩中，高压低温条件下的特殊产物，常见于蓝闪石片岩中</td><td>产于富钠的碱性岩中，在片岩中也有产出</td></tr>
<tr><td colspan="2">与光性特征相近的
其他矿物的区别</td><td>长柱状、强多色性、角闪石式解理、消光角、一般小于25°、正延性、负光性</td><td>角闪石式解理，正延性，Ⅱ级干涉色，2V大可区别硅灰石</td><td>颜色浅，多色性弱可与普通角闪石相区别</td><td>与钠闪石区别：后者为反吸收、负延性</td><td>钠闪石具有特征的蓝色、反吸收、负延性及角闪石式解理</td></tr>
</table>

续附表2

矿物名称 光性特征		角闪石类		云母类		
		钠铁闪石 （单斜晶系）	镁铁闪石 （单斜晶系）	黑云母 （单斜晶系）	金云母 （单斜晶系）	白云母 （单斜晶系）
单偏光	形状	柱状、板状、纤维状集合体	板状、放射状的柱状、纤维状集合体	长条状、叶片状，平行解理面切片常呈假六方板状		
	颜色、多色性	黄绿、褐绿（Ng）黄褐、蓝绿（Nm）深蓝绿、深绿（Np）	无色到浅褐色	深褐—暗绿—褐红（Ng≈Nm），浅黄—绿—浅褐（Np）	金黄（Ng≈Nm）浅黄黄、无色（Np）	无色、浅绿、浅红色
	解理	具角闪石｛110｝解理，横断面上具有两组完全解理，夹角56°或124°，纵断面只能见一组完全解理		｛001｝极完全解理		
	折射率 （突起等级）	Ng=1.686~1.710 Nm=1.679~1.709 Np=1.674~1.700 正高突起	Ng=1.655~1.698 Nm=1.644~1.675 Np=1.635~1.665 正中—正高突起	Ng=1.610~1.697 Nm=1.609~1.696 Np=1.571~1.616 正中突起	Ng=1.549~1.613 Nm=1.548~1.609 Np=1.522~1.568 正低—正中突起	Ng=1.588~1.624 Nm=1.582~1.619 Np=1.552~1.570 正中突起，可见微弱闪突起
正交偏光	最高干涉色	I级灰—黄，常自身颜色掩盖	II级黄	II级—IV级干涉色，常自身颜色掩盖	III级中部	II级顶—III级
	消光类型 （最大消光角）	Np∧c=0°~10° 消光位色散	Ng∧c=15°~20°	平行消光		
	延性	负延性	正延性	正延性		
锥光	轴性（光符）	二轴晶（-）	二轴晶（+）	二轴晶（-）	二轴晶（+）	二轴晶（-）
	光轴角	（-）2V=30°~70°	（-）2V=65°~90°	（-）2V=0°~35°	（+）2V=0°~20°	（-）2V=35°~50°
	次生产物	褐铁矿、菱铁矿		绿泥石、蛭石、白云母、矽线石	变为鳞片状滑石集合体、绿泥石、蛭石	稳定，仅在热液作用下变为高岭石、水铝氧石和石英集合体
	地质分布	主要产于碱性花岗岩、霞石正长岩、正长岩中	主要产于某些岩石及与铁铜矿床有关的接触变质岩中	在花岗岩、片麻岩、酸性岩浆岩、云煌岩中最发育	产于金伯利岩及云质碳酸盐岩中	广泛分布于变质岩及伟晶岩中
	与光性特征相近的其他矿物的区别	与钠闪石相近，2V较小；与蓝闪石区别是负延性	与透闪石、阳起石区别：颜色浅、折射率高、反射率高，正延性	与角闪石的区别在于角闪石为斜消光，2V大	与黑云母区别：颜色较浅，多色性与吸收性较弱	细鳞片状者称为绢云母，常是长石次生变化产物

续附表 2

矿物名称 光性特征	长石类				霞石 （六方晶系）
	斜长石 （三斜晶系）	钾长石			
		正长石 （单斜）	微斜长石 （三斜）	透长石 （单斜）	
单偏光 — 形状	粒柱状、板状	粒柱状、板状	粒柱状、板状	粒柱状、板状	粒柱状、板状
颜色、多色性	无色	无色	无色	无色	无色，但极易风化呈浑浊的浅灰色
解理	(001)∧(010)=86°50′	(001)∧(010)=90°	(001)∧(010)=89°40′	(001)∧(010)=90°	不完全解理，裂纹发育
折射率 （突起等级）	$Ng=1.539\sim1.588$ $Nm=1.533\sim1.583$ $Np=1.529\sim1.575$ 负低-正低突起	$Ng=1.523\sim1.539$ $Nm=1.522\sim1.533$ $Np=1.516\sim1.529$ 负低突起	$Ng=1.523\sim1.530$ $Nm=1.522\sim1.528$ $Np=1.518\sim1.523$ 负低突起	$Ng=1.525\sim1.532$ $Nm=1.522\sim1.530$ $Np=1.518\sim1.525$ 负低突起	$No=1.529\sim1.549$ $Ne=1.526\sim1.543$ 负或低正突起
正交偏光 — 最高干涉色	Ⅰ级灰白	Ⅰ级灰白	Ⅰ级灰白	Ⅰ级灰白	Ⅰ级灰白
消光类型 （最大消光角）	斜消光，消光角不定	Ng 平行消光或 $Nm\wedge c=14\sim23°$	NM 平行消光或 $Ng\perp(010)=18°$	斜消光或 $Np\wedge c=14\sim23°$	平行消光
双晶、延性	聚片、卡钠复合、环带结构	卡斯巴、巴温诺、曼尼巴	格子、曼尼巴	不发育，或卡斯巴、曼尼巴	少见，负
锥光 — 轴性（光符）	二轴晶（+）（-）	二轴晶（-）	二轴晶（-）	二轴晶（-）	一轴晶（-）
光轴角	2V大	（-）2V=44°~84°	（-）2V=44°~84°	（-）2V=44°~84°	
次生产物	常见绢云母、以及细密鳞蚀石化、黏土化	高岭石、绢云母、硅化	高岭石、绢云母、硅化	高岭石、绢云母、硅化	呈灰白色，常被沸石、白云母替换
地质分布	分布广泛，岩浆岩、变质岩中常有，沉积岩中亦有	中酸性及碱性岩浆岩、片麻岩、长石砂岩	广泛分布于各种岩石中，是低温变种	产于酸性及碱性火山岩中，是高温变种	产于富钠贫硅的碱性岩浆岩中，不与石英共生
与光性特征相近的其他矿物的区别	发育聚片双晶，斜长石双晶纹连续可作鉴定，基性斜长石双晶发育疏，中性斜长石发育环带结构。	富钾和富钠的两种长石的规则连生称为条纹长石；以钾长石为主者称正条纹长石；反之称反条纹长石。钾长石与石英可构成交生结构。钾长石与石英非常近似，经风化或构造热液蚀变为高岭石，其次为绢云母，表面浑浊不清，光性不显，称为泥化，使其表面分布着许多褐红色小点。		钾钠长石经风化或热液蚀变为高岭石；含有 Fe_2O_3，致产泥化产褐红色调为红化	钙霞石具有较显著的负突起和较鲜艳的Ⅱ级干涉色

续附表2

光性特征	矿物名称	石英（三[六]方晶系）	帘石类		伊丁石	绿柱石（六方晶系）
			绿帘石（单斜晶系）	黝帘石（斜方晶系）		
单偏光	形状	粒柱状、短柱面六方双锥	粒状、柱状	粒状、柱状	板状、纤维状，常呈橄榄石辉石假象	六方柱状、粒状
	颜色、多色性	无色	无色至浅黄（Ng）、绿黄（Nm）、无浅黄绿（Np）	无色	深红褐色—红褐色，弱多色性	多无色或绿色（No）、淡黄色（Ne）
	解理	无解理，发育裂纹	{001}清楚解理夹角65°	{100}完全 {001}不完全	无或辉石式解理	{0001}解理不清楚
	折射率（突起等级）	$No = 1.544\alpha, 1.538\beta$；$Ne = 1.553\alpha, 1.546\beta$ 正低突起	$Ng = 1.734\sim1.797$，$Nm = 1.725\sim1.784$，$Np = 1.715\sim1.751$ 正高—正极高突起	$Ng = 1.702\sim1.707$，$Nm = 1.695\sim1.702$，$Np = 1.695\sim1.701$ 正高突起	$Ng = 1.655\sim1.864$，$Nm = 1.650\sim1.846$，$Np = 1.608\sim1.792$ 正高突起	$No = 1.568\sim1.608$，$Ne = 1.564\sim1.600$ 正低突起
正交偏光	最高干涉色	I级黄白	II—III级干涉色	I级灰白	III—IV级，常被矿物颜色掩盖	I级灰白—淡黄
	消光类型（最大消光角）	平行消光	$Np\wedge c = 0°\sim5°$	平行消光	平行消光	平行消光
	双晶、延性	少见，正	正或负		简单双晶	负，板状晶体为正
锥光	轴晶（光符）	一轴晶（+）	二轴晶（-）	二轴晶（+）	二轴晶（+）（-）	一轴晶（-）
	光轴角		（-）$2V = 90°\sim64°$	（+）$2V = 0°\sim50°$	（+）$2V = 20°\sim80°$	
	次生产物	无风化产物，表面干净			为橄榄石和辉石氧化而来	高岭土、白云母
	地质分布	三大岩类都有广泛分布，如花岗岩类、砂岩类、片麻岩类	典型的岩浆期后矿物，广泛存在于接触交代变质岩中，也可由暗色矿物的蚀变而来	典型的岩浆期后矿物，常是长石等的次生矿物	产于基性的喷出岩和部分浅绿岩类中	产于花岗伟晶岩、花岗岩、云英岩、云母片岩和大理岩类中
	与光性特征相近的其他矿物的区别	表面干净，无解理，发育裂纹，易波状消光。	极高正突起，多色性显著，平行消光，鲜艳干涉色，辉石式解理	常具靛蓝—锈褐色异常干涉色，平行消光区别于绿帘石	颜色，正高突起，产状	正低突起，负延性，一轴负晶与黄玉相区别

续附表2

光性特征		叶绿泥石（单斜晶系）	叶蛇纹石（单斜晶系）	榍石（单斜晶系）	尖晶石（等轴晶系）	磷灰石（六方晶系）	锆石（四方晶系）
单偏光	形状	鳞片状、纤维状	叶片状、纤维状，放射状集合体	信封状、菱形、楔形粒柱状	八面体、不规则粒状	岩浆岩中为横断面为六边形的柱状自形晶	带四方双锥柱柱、粒状
	颜色、多色性	$Ng \approx Nm$—浅绿，Np—浅黄绿—无色	无色或浅绿色	无色至黄褐色，Ng—红褐，Nm—浅黄，Np—无	镁尖晶石无色，镁铁尖晶石绿色，铬尖晶石红褐色	无色	无色、浅黄色、浅褐色，$No < Ne$
	解理	{001}完全解理	{001}完全解理	常有裂理或一组解理	无，具不规则裂纹	{0001}不完全	柱面解理罕见
	折射率（突起等级）	$Ng=1.565\sim1.586$ $Nm=1.565\sim1.581$ $Np=1.562\sim1.581$ 正低突起	$Ng=1.552\sim1.604$ $Nm=1.551\sim1.603$ $Np=1.546\sim1.595$ 正低突起	$Ng=1.943\sim2.110$ $Nm=1.870\sim2.043$ $Np=1.843\sim1.950$ 正极高突起	$N=1.719\sim2.12$ 正高—正极高突起	$No=1.629\sim1.667$ $Ne=1.624\sim1.666$ 正中突起	$No=1.923\sim1.960$ $Ne=1.968\sim2.015$ 正极高突起
	最高干涉色	I级墨水蓝或锈褐色	I级灰白—黄白	高级白，常被矿物颜色掩盖	全消光	I级灰	III级—IV级
正交偏光	消光类型（最大消光角）	平行消光	平行消光	斜消光，不易找到真正的消光位	全消光	平行消光	平行消光
	延性	正延性或负延性	正延性			柱状晶体为负延性，板状晶体可能为正延性	正延性
锥光	轴性（光符）	二轴晶（+）（−）	二轴晶（−）	二轴晶（+）	均质体	一轴晶（−）	一轴晶（+）
	光轴角	（+）$2V=0°\sim20°$ （−）$2V=0°\sim40°$	（±）$2V=20°\sim60°$	（+）$2V=17°\sim40°$			
次生产物		被碳酸盐、滑石交代	滑石	白钛矿	很少变化	一般不易变化	不易变化和破碎
地质分布		主要为辉石、角闪石黑云母次生变化产物	超基性、基性岩橄榄石、辉石、黑云母变质产物	为副矿物分布于中酸性和碱性岩浆岩中，及片岩、片麻岩中	分布于地幔岩及接触变质岩中	岩浆岩及变质岩中为副矿物，沉积岩中为重要矿物	容易富集成为砂矿，在中酸性岩浆岩及变质岩中为常见副矿物
与光性特征相近的其他矿物的区别		常以黑云母、角闪石暗色矿物为假象，绿色、低突起、特殊干涉色	蛇纹石与绿泥石的区别：一般无正延性，多为正延性、常有干涉色	菱形或楔形切面，极高突起、高级白干涉色	八面体晶型和绿色或褐色与石榴子石相区别	以正中突起、完好的六边形、{0001}解理、平行消光、负延性等为鉴定特征	正极高突起，III级—IV级解理艳干涉色、自形—一轴晶、负，常被云母、角闪石包裹，常在石周围形成"多色晕"

续上表

光性特征 \ 矿物名称		方柱石（四方晶系）	符山石（四方晶系）	黄玉（斜方晶系）	滑石（单斜晶系）
单偏光	形状	柱状或叶片状集合体	粒状、柱状、放射状集合体，横切面呈正方形	粒状、短柱状	鳞片状、纤维状集合体
	颜色、多色性	无色	无色至浅绿色或浅棕色 No—黄褐、褐、黄绿 Ne—浅黄褐、灰褐、无色	无色	无色
	解理	{100}{110}完全解理，前者显著	{110}不完全 {001}极不完全	{001}完全	{001}完全
	折射率（突起等级）	No＝1.535～1.607 Ne＝1.533～1.568 低—正中突起	No＝1.705～1.738 Ne＝1.701～1.732 正高突起	Ng＝1.616～1.644 Nm＝1.609～1.637 Np＝1.606～1.635 正中突起	Ng＝1.575～1.600 Nm＝1.575～1.594 Np＝1.538～1.550 正低突起
	最高干涉色	Ⅱ级—Ⅲ级 富含钠柱石的干涉色低	Ⅰ级灰，但可发育异常干涉色：黄褐色、深蓝色、浅紫色等	Ⅰ级灰白—Ⅰ级黄	Ⅲ级橙，底切面Ⅰ级紫红
正交偏光	消光类型（最大消光角）及延性	平行消光 负延性	平行消光 负延性	平行消光 横切面对称消光 沿解理裂理的方向为负延性	平行消光（＜2°～3°） 正延性
	双晶				
锥光	轴性（光符）	一轴晶（－）	一轴晶（－），有时为（＋）	二轴晶（＋）	二轴晶（－）
	光轴角			2V＝44°～66°	（－）2V＝6°～30°
次生产物		常易变成白云母的鳞片集合体	绿泥石、滑石、云母	绢云母、高岭石	可被菱镁矿交代
地质分布		主要产在热接触变质的钙质围岩和砂卡岩中，有时亦产于某些片岩和片麻岩中	主要产在接触变质的大理岩和砂卡岩中，常与透辉石、硅灰石等共生	为典型的气成矿物，主要产在花岗岩、伟晶岩和云英岩中	主要产于镁质大理岩和富镁的片岩中，常与白云石、菱镁矿共生
与光性特征相近的其他矿物的区别		一轴晶，无双晶，平行消光，解理夹角不同可区分斜长石、董青石；干涉色不同区分钠柱石和钙柱石	横断面呈正方形，高突起，低干涉色，多为一轴负晶，具有异常干涉，灰异常干涉色区别；符山石较小与黝帘石区别	二轴晶干涉色较高与磷灰石区别；完全解理与绢云母区别，正光性、负延性，2V＝71°～86°与红柱石区别	2V较小，双折率高于白云母与白云母相区别；微细晶体和绢云母的光性不易区别，云母中，常与白云石、菱镁矿需用化学试验检测Mg，若Mg很高，则为滑石

续表2

光性特征		电气石类(三方晶系)			刚玉(三方晶系)
矿物名称		黑电气石(铁电气石)	镁电气石	锂电气石	
单偏光	形状	柱状和放射状集合体	柱状、粒状	平行排列柱状和放射状集合体	粒状或板状、柱状,常呈横切面为六边形的自形晶
	颜色、多色性	灰褐色、黑色,有时呈橄榄绿色,有时呈蓝色,有时呈同心状分布的颜色环带	肉红色、浅黄色、无色,多色性弱,常有颜色环带	几乎无色,Ne—无色,No—淡红、浅蓝、淡绿;颜色环带	无色 No—靛蓝、蓝、深紫色 Ne—浅蓝、翠绿、浓黄
	解理	解理少见,发育一组垂直 c 轴的裂理			无解理,可发育裂理
	折射率(突起等级)	$No=1.655\sim1.675$ $Ne=1.625\sim1.650$ 正中—正高突起	$No=1.635\sim1.661$ $Ne=1.610\sim1.632$ 正中突起	$No=1.640\sim1.655$ $Ne=1.615\sim1.620$ 正中突起	$No=1.767\sim1.772$ $Ne=1.759\sim1.763$ 正高—正极高突起
正交偏光	最高干涉色	Ⅱ级蓝—Ⅲ级蓝	Ⅰ级紫—Ⅱ级黄 常被矿物颜色掩盖	Ⅰ级红—Ⅱ级蓝色	Ⅰ级黄,因硬度大,切片常较厚,而达到Ⅱ级蓝
	消光类型(最大消光角)及延性		平行消光 负延性		板状(正延性) 柱状(负延性)
	双晶		少见		聚片双晶较常见
锥光	轴性(光符) 光轴角		一轴晶(-)	一轴晶(-)	一轴晶(-)
次生产物					
地质分布		是典型的与酸性气成矿物有关的气成矿物,主要产在花岗伟晶岩、花岗岩和云英岩中,也可产于某些片岩和片麻岩中,重砂也可广泛出现	常产于接触交代的白云质灰岩中、片麻岩中	主要产于花岗伟晶岩中,与锂云母共生	主要产于富铝贫硅的刚玉砂线石片麻岩中和贫硅过饱和的酸性火山岩
与光性特征相近的其他矿物的区别		没有解理,由裂理反吸收,一轴负晶可与黑云母区别	突起低,干涉色低,多色性不明显可与电气石相区别	干涉色高于磷灰石;颜色最浅,折射率不同于其他电气石	以突起很高,Ⅰ级干涉色为特征,同时以硬度大、密度大、晶形特殊、假蓝宝石为二轴晶,不溶于酸,亦可识别;假蓝片状双晶,没有聚片双晶

续附表 2

矿物名称 光性特征		碳酸盐类			二氧化硅类
		方解石	白云石（三方晶系）	菱铁矿	玉髓
单偏光	形状	不规则粒状，或菱形	常具自行的菱形切面，并呈环带结构	粒状、柱状、板状，形状不完整	隐晶质致密集合体或纤维状、放射状和球粒状集合体
	颜色、多色性	无色，常见美丽的五彩色散现象	无色，一般呈混浊灰色，常见到美丽的五彩色散现象	无色，具浅黄褐色边缘及黄色或棕色之锈斑	无色－淡棕褐色
	解理	菱形解理	菱形解理	菱形解理	无解理
	折射率（突起等级）	$No=1.658\sim(1.740)$ $Ne=1.486\sim(1.550)$ 中－正高突起，负低突起闪突起显著	$No=1.679\sim(1.703)$ $Ne=1.500\sim(1.520)$ 正高突起一负低突起闪突起显著	$No=(1.728)\sim1.875$ $Ne=(1.575)\sim1.633$ 正极高突起一正中突起闪突起显著	$No=1.530\sim1.533$ $Ne=1.538\sim1.543$ 负低突起
正交偏光	最高干涉色	高级白干涉色	高级白干涉色	高级白干涉色	I 级灰白
	消光类型（最大消光角）及延性	对称消光	对称消光		平行消光 延性有正，有负
	双晶	具聚片双晶，双晶纹平行菱形对角线	具聚片双晶，双晶纹平行菱形短对角线	不常见，有时有平行长对角线{0112}聚片双晶	
锥光	轴性（光符）	一轴晶（－）	一轴晶（－）		一轴晶（＋）
	光轴角				
次生产物				氧化时变化成褐铁矿、针铁矿、赤铁矿	
地质分布		沉积石灰岩和变质大理岩的主要矿物，及岩浆期后次生矿物脉石矿物	主要在白云岩、白云质灰岩，大理岩中，有时也可组成生物骨骼及矿脉中	热液矿脉及沉积岩的结核和沉积铁矿中的伴生矿物	为沉积硅质岩中的主要矿物，在喷出岩的气孔中常见
与光性特征相近的其他矿物的区别		以无色透明、菱形切面、显著闪突起、折射率高、有明显糙面，有自形程度高的菱面晶型，而白云石常有自形程度较高的菱面晶型；白云石不染色，方解石被染成红紫色，方解石不染色状白云石起泡	沉积白云岩、白云质灰岩和白云质大理岩及沉积锈斑而区别于前两者，方解石平行短对角线对角线	三者之间不易区别。菱铁矿和白云石可据细晶以区别非碳酸盐矿物。方解石和白云石可据细晶区别，最好用茜素红溶液染色，白云石不起泡，白云石不起泡，而粉末酸盐遇冷稀盐酸剧烈起泡	负低突起，纤维状、放射状集合体，平行消光，折射率较小可与沸石相区别

续附表 2

光性特征 \ 矿物名称	二氧化硅类	硫酸盐类			
	蛋白石	石膏（单斜）	硬石膏	重晶石（斜方晶系）	天青石
单偏光 — 形状	非晶质，无固定外形	板状、纤维状、柱状	板状、柱状、纤维状、结核状、土状集合体	常呈板状、柱状、粒状	板状、柱状、叶片状、细粒状或纤维状集合体
颜色、多色性	无色至浅灰或浅褐色	无色	无色	无色	无色
解理	无解理，发育不规则的裂纹	{010}完全，{100}和{011}清楚	{001}和{110}{100}三组互相正交的完全解理	{001}和{210}完全，{010}清楚；常见两组正交解理	{001}完全，{210}清楚；{010}不完全
折射率（突起等级）	$N=1.406\sim1.460$ 负高突起	$Ng=1.529\sim1.530$ $Nm=1.522\sim1.523$ $Np=1.520\sim1.521$ 负低突起	$Ng=1.613\sim1.618$ $Nm=1.572\sim1.579$ $Np=1.559\sim1.573$ 正中—正低突起（有闪突起）	$Ng=1.648$ $Nm=1.673$ $Np=1.636$ 正中突起	$Ng=1.631$ $Nm=1.624$ $Np=1.622$ 正中突起
正交偏光 — 最高干涉色	全消光	I级白色—I级淡黄	III级蓝绿	I级橙黄	I级灰白
消光类型及延性消光角		平行消光或斜消光，$Ng \wedge c=52°$，延性负正	平行消光 延性正或负	平行消光 正延性	平行消光 正延性
双晶		燕尾双晶	沿{101}呈简单双晶，聚片双晶或三连晶	{110}的聚片双晶	非常罕见
锥光 — 轴性（光符）		二轴晶（+）	二轴晶（+）	二轴晶（+）	二轴晶（+）
光轴角		$(+)2V=58°$	$(+)2V=42°\sim44°$	$(+)2V=37°$	$(+)2V=51°$
次生产物	易脱水重结晶成玉髓和石英细小集合体	经脱水作用可转化为硬石膏	水化变成石膏	蚀变为毒重石	蚀变为菱锶矿，可被方解石、石英等交代
地质分布	低温下的产物，为年轻硅质岩—硅藻土及硅华的主要矿物，在年轻熔岩的气孔中常见	主要产在蒸发沉积岩中，砂岩胶结物及热液矿脉中	产在蒸发沉积岩中，常与石膏、白云石等共生	常产于热液脉矿的脉石矿物和碳酸盐岩及砂岩的结核中	浸染状或脉状充填于碳酸盐岩、岩盐、石膏中，可以胶结物形式产于砂岩中
与光性特征相近的其他矿物的区别	无固定形状、无解理、负高突起起与萤石相区别	以晶形、解理、负低突起、低干涉色为特征	以较高的突起和三组互相正交的完全解理与石膏相区别	重晶石的鉴定特征是密度大。折射率高，光轴角约37°，双折率高，2V小可与天青石相区别	两组解理，低干涉色，折射率高，2V小可与天青石相区别

续附表2

矿物名称 光性特征		黏土类			氢氧化铝类	
		高岭石	蒙脱石（单斜晶系）	水云母/伊利水云母	水铝氧石/三水铝矿（单斜晶系）	一水硬铝石/水铝石（斜方晶系）
单偏光	形状	晶粒细小的鳞片状、蠕虫状、粒状、放射状、粒状集合体	蠕虫状、叶片状、鳞片状、毡状、粒状集合体	细小鳞片状集合体	呈假六方形板状、鳞片状、结核状、皮壳状集合体	薄片状、柱粒状
	颜色、多色性	无色至浅黄色	无色，可为浅黄、浅红、浅绿色	无色，可微带浅绿色或浅黄褐色	无色，因含杂质呈浅褐色	无色或很浅的蓝色
	解理	底面{001}解理完全	{001}解理完全	{001}极完全	{001}极完全	{010}完全{110}次之{100}很差
	折射率（突起等级）	$Ng=1.560\sim1.570$ $Nm=1.599\sim1.569$ $Np=1.553\sim1.563$ 正低突起	$Ng=1.500\sim1.534$ $Nm=1.499\sim1.533$ $Np=1.475\sim1.503$ 负低突起	$Ng=1.580\sim1.610$ $Nm=1.577\sim1.606$ $Np=1.555\sim1.575$ 正低—正中突起	$Ng=1.587\sim1.589$ $Nm=1.566\sim1.568$ $Np=1.566\sim1.568$ 正低突起	$Ng=1.750\sim1.752$ $Nm=1.722\sim1.724$ $Np=1.702\sim1.704$ 正高突起，糙面显著
正交偏光	最高干涉色	I级灰白	干涉色可达到II级，但鳞片很薄一般为I级灰白	干涉色很小II级以上，干涉色通常低	I级红到II级蓝	III级黄红
	消光类型（最大消光角）及延性	(001)近于平行消光，正延性 (010)面斜消光 $Ng\wedge c=11°\sim12°$	近于平行消光，正延性	近于平行消光，正延性	斜消光，正或负延性	平行消光，负延性
	双晶				{001}聚片双晶常见	
	轴性（光符）	二轴晶（-）	二轴晶（-）	二轴晶（-）	二轴晶（+）	二轴晶（+）
锥光	光轴角	$(-)2V=42°\pm$	$(-)2V=7°\sim25°$	$(-)2V=5°\sim10°$	$(+)2V=0°\sim40°$	$(-)2V=84°\sim85°$
	次生产物		经变质作用可转为叶蜡石、绿泥石		脱水作用后可转为水铝石	
	地质分布	泥质沉积岩中的主要矿物，结晶性岩石中长石类矿物在酸性介质中的分解产物	黏质土、漂白土中的主要矿物，常由酸性凝灰岩等火山玻璃变化而来	为泥质沉积岩—质岩的主要成分之一，为长石、云母等铝硅酸盐风化和热蚀变而来	主要由铝硅酸盐矿物风化分解形成，是铝土矿、红土等黏土的主要成分	与水铝氧石共生，常为铝土矿的主要矿物，可产在硬质黏土岩中
	与光性特征相近的其他矿物的区别	蒙脱石与水云母是负突起，高岭石是正低突起；蒙脱石是负低，干涉色低，土类矿物常因矿物颗粒细小，显微镜、X射线或化学分析才能区别	蒙脱石脱水起为I级灰白；正低突起，干涉色较高，遇水膨胀成糊状，难于区别，需借助于差热分析才能区别	蒙脱石与水云母区别，黏土类矿物区别，电子	与高岭石区别，具较高干涉色，与白云母的区别为低干涉色，正光性，斜消光性	高干涉色，正高突起与刚玉相区别

续上表

光性特征		铁硅酸盐岩			磷酸盐类
矿物名称		海绿石（单斜晶系）	鲕绿泥石（单斜晶系）	硬绿泥石（单斜、三斜晶系）	胶磷矿
单偏光	形状	常呈细粒状圆状集合体	同心鲕状、假球粒状，有时呈鳞片状集合体	常呈假六方形的板片状，常见束状、放射状集合体	无定形非晶质及鲕状、放射状集合体
	颜色、多色性	鲜绿色、黄绿色、蓝绿色，$Ng=Nm$—深黄绿色，蓝绿，Nm—黄绿	绿、浅褐，多色性不显著	无色至绿色：Ng—无色至浅黄，Nm—浅绿蓝至靛蓝色，Np—灰绿到绿	棕色，无色
	解理	{001}完全	{001}较完全	{001}完全，{110}中等	无
	折射率（突起等级）	$Ng=1.614\sim1.644$ $Nm=1.613\sim1.643$ $Np=1.592\sim1.612$ 正中突起	$Nm=1.620\sim1.665$ $Ng-Np=0.005\sim0.006$ 正中突起	$Ng=1.723\sim1.740$ $Nm=1.719\sim1.734$ $Np=1.713\sim1.728$ 正高突起	$N=1.569\sim1.63$ 正低～正中突起
正交偏光	最高干涉色	II级干涉色，被矿物颜色掩盖	I级异常的灰蓝色	I级橙红	全消光
	消光类型（最大消光角）及延性	近于平行消光 正延性	近于平行消光 正延性	斜消光 $Ng\wedge c=5°\sim25°$，负延性	
	双晶	—		{001}简单双晶、聚片双晶，常见三连晶及聚片双晶	
锥光	轴性（光符）	二轴晶（－）	二轴晶（－）	二轴晶（＋）	均质体
	光轴角	（－）2V＝10°～24°	（－）2V＝0°至很小	（＋）2V＝36°～70°	
	次生产物	风化成褐铁矿和针铁矿	风化为褐铁矿	叶绿泥石、云母	
	地质分布	典型的海相自生矿物，是黑云母海解的产物，主要分布在海相的砂岩、黏土岩和石灰岩中	主要产在沉积铁矿中，常与菱铁矿、菱锰矿、黄铁矿等共生	为典型的应力变质矿物，主要产于应力强的千枚岩、片岩等中低区域变质岩中	磷块岩、磷质灰岩中
	与光性特征相近的其他矿物的区别	鲜绿色、微晶结构的圆形集合体可与绿泥石相区别；鲕绿泥石的圆形集合体可与鲕绿泥石相区别	具球状或鲕状形态，同心圆状构造可与绿泥石相区别；与海绿石相区别，折射率高区别于胶磷矿	特殊多色性，正高突起，低干涉色，常见聚片双晶和强色散为鉴定特征	常与磷灰石、碳酸盐矿物共生

续附表2

光性特征 \ 矿物名称		石榴子石（等轴晶系）	红柱石（斜方晶系）	矽线石（斜方晶系）	蓝晶石（三斜晶系）
单偏光	形状	菱形十二面体，四角三八面体，不规则则粒状集合体	柱状、横截面近正方形，或束状、纤维状、放射状	柱状、针状、毛发状，射状集合体	柱状、板状，放射状集合体
	颜色、多色性	浅褐—深褐、无色、浅红—深红、浅红—褐色	无色、浅绿色（$Ng=Nm$）、浅红色（Np）	无色	无色或浅蓝色：浅靛蓝（Ng），浅紫（Nm），无（Np）
	解理	无解理多具裂纹	两组呈89°夹角解理，一组完全，一组不完全	{010}解理完全，有{001}裂理	{100}解理完全，{010}不完全，有{001}裂理
	折射率（突起等级）	$N=1.738\sim1.895$ 正高或正极高突起	$Ng=1.638\sim1.653$ $Nm=1.633\sim1.646$ $Np=1.629\sim1.642$ 正中突起	$Ng=1.673\sim1.683$ $Nm=1.658\sim1.662$ $Np=1.654\sim1.661$ 正中—正高突起	$Ng=1.719\sim1.734$ $Nm=1.714\sim1.723$ $Np=1.706\sim1.718$ 正高突起
正交偏光	最高干涉色	钙质石榴石具I级灰白的异常干涉色，其他以全消光为主	I级黄	II级蓝绿	I级黄—橙
	消光类型（最大消光角）	全消光	纵切面平行消光，横切面对称消光	平行消光	(100)面上 $Ng'\wedge c=30°$
	延性	均质体	负延性	正延性	沿 c 轴伸长为正，简单双晶、聚片双晶
锥光	轴性（光符）	光性异常，呈环带或双晶	二轴晶（-）	二轴晶（+）	二轴晶（-）
	光轴角		$(-)2V=71°\sim86°$	$2V=21°\sim30°$	$(-)2V=82°\sim83°$
	次生产物	绿帘石、绿泥石、方解石等	极易绢云母化，当温度压力升高时，可转变为矽线石或蓝晶石	易变为黏土矿物和绢云母	可蚀变为白云母或叶蜡石，在温度和压力改变可变为矽线石、红柱石
	地质分布	主要产于变质岩中，沉积岩中为重矿物，在碱性岩中为霞石榴石，金伯利岩中为镁铝榴石	产于泥质岩和花岗岩接触变质带	副变质岩和绢云母中高级泥质接触变质带中	典型的泥质区域变质矿物，产于片岩，片麻岩、榴辉岩
	与光性特征相近的其他矿物的区别	以折射率高为特征，程度高突起，钙质石榴石具I级灰白的异常干涉色，其他以全消光为主	形态、多色性、和合十字形炭质包体；极易绢云母化为鉴定特征；多色性与紫苏辉石相似，但红柱石为负延性	形态、解理、突起特征	具特征的{001}裂理、斜消光、双折率小，2V大，负光性，常具聚片双晶与矽线石相区别

续附表2

光性特征		十字石（斜方晶系）	董青石（斜方晶系）	硅灰石（三斜晶系）
单偏光	形状	柱状或不规则粒状，横断面为六边形	柱状、不规则粒状	长柱状、针状、纤维状、板状、放射状集合体
	颜色、多色性	金黄（Ng），浅黄（Nm），无色（Np），多色性弱	紫或淡蓝（Nm），紫或深蓝（Ng），无色或微黄（Np）	无色
	解理	{010}解理差	{010}中等解理，发育裂理	{100}解理完全
	折射率（突起等级）	$Ng=1.752\sim1.762$ $Nm=1.745\sim1.753$ $Np=1.739\sim1.747$ 正高突起，糙面显著	$Ng=1.538\sim1.578$ $Nm=1.535\sim1.574$ $Np=1.530\sim1.560$ 负低~正低突起	$Ng=1.631\sim1.653$ $Nm=1.628\sim1.650$ $Np=1.616\sim1.640$ 正中突起
	最高干涉色级	I级黄~红	I级黄	I级黄白
正交偏光	消光类型（最大消光角）	平行消光，对称消光	平行消光，在六连晶的切面上，对顶消光	平行或斜消光 $Ng\wedge a=34°\sim39°$
	延性	正延性，并可见十字形的贯穿双晶	负延性，可见简单双晶，发育三连晶/六连晶	正或负延性，并可见简单双晶，聚片双晶
锥光	轴性（光符）	二轴晶（+）	二轴晶（-）（+）	二轴晶（-）
	光轴角	（+）$2V=79°\sim90°$	（±）$2V=$（-）$42°\sim$（+）$76°$	（-）$2V=38°\sim60°$
次生产物		绿泥石、绢云母、褐铁矿	变为绢云母、滑石、绿泥石、蛇纹石、黑云母等	方解石、石英、蛋白石、高岭土
地质分布		主要为产于中级区域变质岩中的典型矿物	泥质岩石经高温热变质典型矿物，多以变斑晶出现在角岩中，也出现在片麻岩中	为典型的高温接触变质矿物，主要产于石灰岩与酸性花岗岩的接触带，也可见于富钙质片岩和片麻岩中
与光性特征相近的其他矿物的区别		以金黄色多色性，正高突起为鉴定特征，发育筛状变晶结构	与石英区别：可有负突起，有时可见三连晶或六连晶，二轴晶，常有绢云母化	与透闪石易混：解理交角大于60°，无闪石式解理，延性可正可负，干涉色低，2V中等

附 图

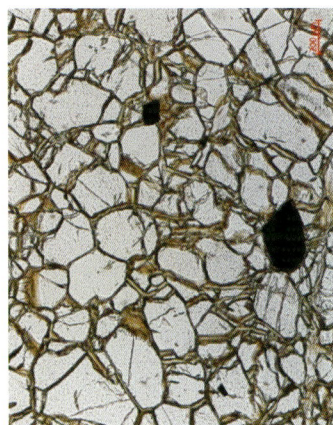

附图 I-3 橄榄岩显微照片 (-)

附图 I-6 金伯利岩显微照片 (+)

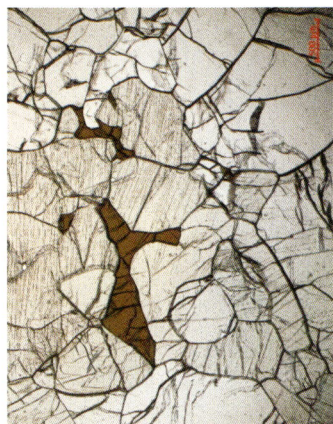

附图 I-9 鬣刺结构照片 (-)

附图 I-2 纯橄岩显微照片 (+)

附图 I-5 金伯利岩显微照片 (-)

附图 I-8 海绵陨铁结构照片 (-)

附图 I-1 纯橄岩显微照片 (-)

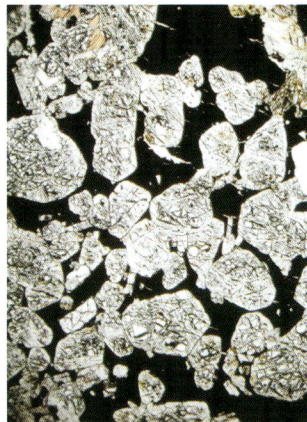

附图 I-4 橄榄岩显微照片 (+)

附图 I-7 包橄结构显微照片 (+)

附图 II-3 辉绿岩显微照片 (+)

附图 II-6 同粒同隐结构照片 (+)

附图 II-9 黑云母闪长岩岩照片 (+)

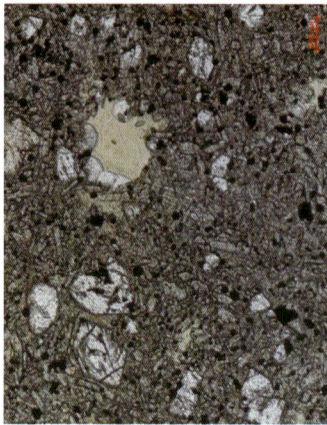

附图 II-2 辉长岩显微照片 (+)

附图 II-5 杏仁橄榄玄武岩显微照片 (+)

附图 II-8 气孔伊丁玄武岩照片 (+)

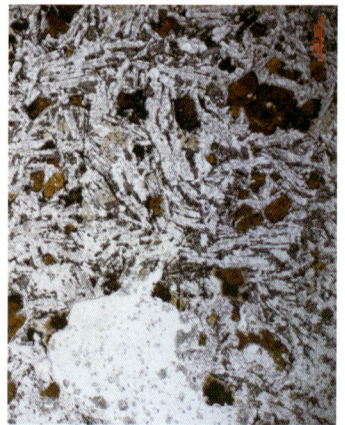

附图 II-1 辉长岩显微照片 (-)

附图 II-4 杏仁橄榄玄武岩显微照片 (-)

附图 II-7 气孔伊丁玄武岩照片 (-)

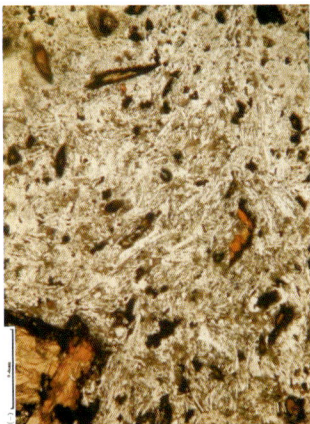

附图 III-3 安山岩显微照片 (−)

附图 III-6 花岗斑岩照片 (−)

附图 III-9 蠕虫结构显微照片 (+)

附图 III-2 石英闪长岩照片 (+)

附图 III-5 黑云母花岗岩照片 (+)

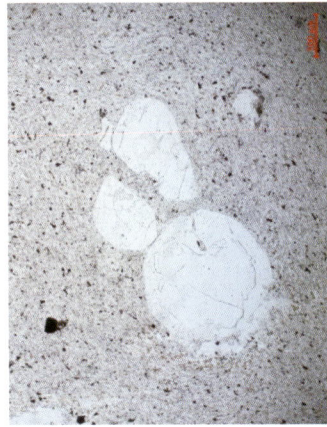

附图 III-8 石英斑岩照片 (+)

附图 III-1 角闪闪长岩照片 (−)

附图 III-4 黑云母花岗岩照片 (−)

附图 III-7 花岗斑岩照片 (+)

附图Ⅳ-3 霞石正长岩岩石照片(+)

附图Ⅳ-6 云煌岩显微照片(-)

附图Ⅳ-9 细晶结构照片(+)

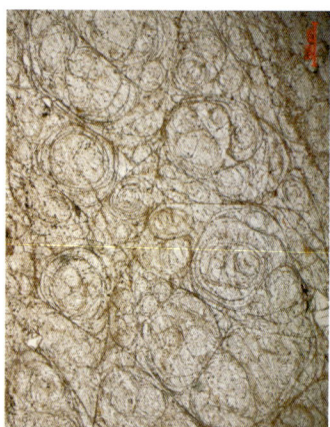

附图Ⅳ-2 珍珠状构造照片（-）

附图Ⅳ-5 假白榴石响岩标本照片

附图Ⅳ-8 伟晶文象结构照片

附图Ⅳ-1 流纹岩的球粒结构照片(-)

附图Ⅳ-4 假白榴石斑岩照片(+)

附图Ⅳ-7 闪斜煌斑岩照片(-)

附图Ⅴ-3 硅质石英砂岩照片 (-)

附图Ⅴ-6 钙质长石砂岩照片 (+)

附图Ⅴ-9 岩屑砂岩照片 (-)

附图Ⅴ-2 角砾岩照片 (-)

附图Ⅴ-5 钙质长石砂岩照片 (-)

附图Ⅴ-8 杂基长石砂岩照片 (+)

附图Ⅴ-1 硅质砾岩照片 (-)

附图Ⅴ-4 硅质石英砂岩照片 (+)

附图Ⅴ-7 杂基长石砂岩照片 (-)

附图Ⅵ-3 泥质页岩照片（-）

附图Ⅵ-6 亮晶鲕状灰岩照片（+）

附图Ⅵ-9 泥晶筳灰岩

附图Ⅵ-2 熔结凝灰岩照片（+）

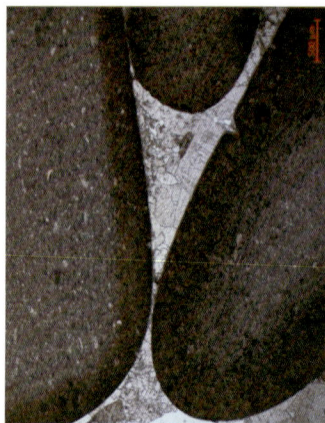

附图Ⅵ-5 亮晶竹叶状灰岩照片（-）

附图Ⅵ-8 泥晶亮晶鲕状灰岩（-）

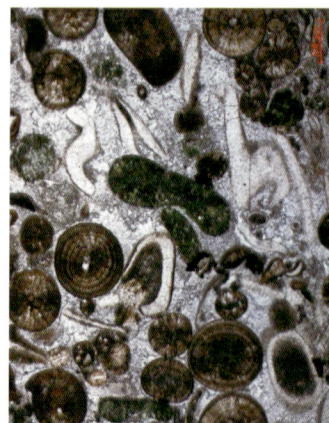

附图Ⅵ-1 熔结凝灰岩照片（-）

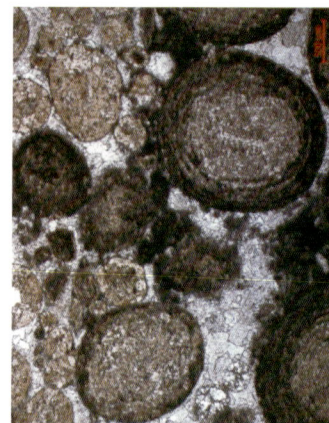

附图Ⅵ-4 钙质页岩照片（-）

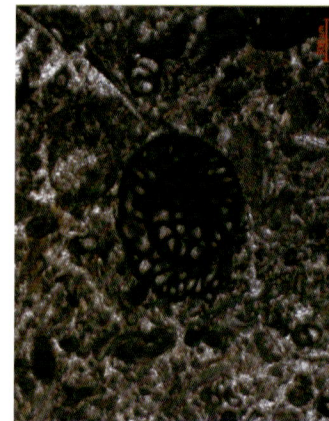

附图Ⅵ-7 海绿石亮晶生物碎屑状灰岩（-）

附图Ⅶ-3 硬石膏岩显微照片 (+)

附图Ⅶ-6 堇青石角岩显微照片 (+)

附图Ⅶ-9 石榴石夕卡岩显微照片 (+)

附图Ⅶ-2 硬石膏岩显微照片 (-)

附图Ⅶ-5 堇青石角岩显微照片 (-)

附图Ⅶ-8 石榴石夕卡岩显微照片 (-)

附图Ⅶ-1 叠层构造显微照片 (-)

附图Ⅶ-4 斑点板岩显微照片 (-)

附图Ⅶ-7 红柱石角岩显微照片 (+)

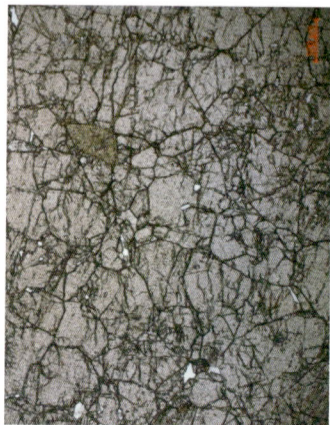

附图Ⅷ-3 绿帘石矽卡岩显微照片（-）

附图Ⅷ-6 透辉石矽卡岩显微照片（+）

附图Ⅷ-9 滑石化蛇纹岩照片（+）

附图Ⅷ-2 石榴石矽卡岩显微照片（+）

附图Ⅷ-5 透辉石矽卡岩显微照片（-）

附图Ⅷ-8 蛇纹石大理岩照片（+）

附图Ⅷ-1 石榴石矽卡岩微岩照片（-）

附图Ⅷ-4 绿帘石矽卡岩微照片（+）

附图Ⅷ-7 蛇纹岩显微照片（+）

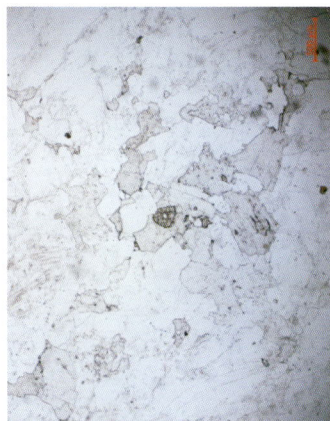

附图IX-3 白云母石英片岩岩照片(+)

附图IX-6 黑云母钾长片麻岩岩照片(-)

附图IX-9 蓝晶石片岩岩照片(-)

附图IX-2 云英岩显微照片(+)

附图IX-5 绿泥石片岩岩照片(+)

附图IX-8 石榴石钾长片麻岩照片(-)

附图IX-1 云英岩显微照片(-)

附图IX-4 绿泥石片岩岩照片(-)

附图IX-7 黑云母钾长片麻岩岩照片(+)

附图X-3 矽线石钾长片麻岩岩照片 (+)

附图X-6 斜长角闪片麻岩照片 (+)

附图X-9 糜棱结构显微照片 (+)

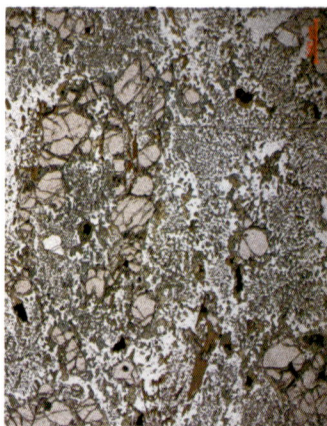

附图X-2 矽线石钾长片麻岩照片 (−)

附图X-5 斜长角闪片麻岩照片 (−)

附图X-8 条带状混合岩照片 (+)

附图X-1 蓝晶石片岩显微照片 (+)

附图X-4 榴辉岩显微照片 (−)

附图X-7 条带状混合岩照片 (−)

图书在版编目(CIP)数据

岩石学(含晶体光学)实验指导书/邹海洋,赖健清
主编. --长沙:中南大学出版社,2019.3
ISBN 978 - 7 - 5487 - 3597 - 7

Ⅰ.①岩… Ⅱ.①邹… ②赖… Ⅲ.①岩石学－实验
－高等学校－教材 ②晶体光学－实验－高等学校－教材
Ⅳ.①P58 - 33②0734 - 33

中国版本图书馆 CIP 数据核字(2019)第 054297 号

岩石学(含晶体光学)实验指导书

邹海洋　赖健清　主编

□责任编辑	刘颖维
□责任印制	易建国
□出版发行	中南大学出版社
	社址:长沙市麓山南路　　邮编:410083
	发行科电话:0731 - 88876770　　传真:0731 - 88710482
□印　　装	长沙印通印刷有限公司

□开　　本	787×1092　1/16　□印张 6.25　□字数 157 千字
□版　　次	2019 年 3 月第 1 版　□2019 年 3 月第 1 次印刷
□书　　号	ISBN 978 - 7 - 5487 - 3597 - 7
□定　　价	28.00 元